KB174737

영국에서
아이들과
네 달 살기

엄마도 아이도 한 뼘 더 자라는 생활여행

영국에서 아이들과 네 달 살기

초판발행 2019년 7월 8일
초판 2쇄 2020년 2월 10일

지은이 김수린
펴낸이 채종준
기획 · 편집 조가연
디자인 김예리
마케팅 문선영

펴낸곳 한국학술정보(주)
주소 경기도 파주시 회동길 230 (문발동)
전화 031 908 3181(대표)
팩스 031 908 3189
홈페이지 http://ebook.kstudy.com
E-mail 출판사업부 publish@kstudy.com
등록 제일산-115호(2000. 6. 19)

ISBN 978-89-268-8851-3 03980

엄마도 아이도
한 뼘 더 자라는
생활여행

영국에서 아이들과 네 달 살기

김수린 지음

Four Months

with children

in United Kingdom

프롤로그

아이들과
낯선 외국에서 살아 볼까?

막연하게 한국이 아닌 다른 나라에서 살아 보고 싶다는 생각을 하곤 했다. 나를 아는 사람들이 없고, 나 역시 아무도 알지 못하는 그런 곳에서 이방인이 되어 살아 보고 싶었다. 그러던 어느 날 꿈꾸던 일이 현실이 되었다. 남편이 주재원으로 발령이 나서 베트남에 가게 된 것이다. 그렇게 나는 전생에 작은 마을 정도는 구해야 될 수 있다는 동남아 주재원 부인이 되어 외국에서 살게 되었다.

하지만 베트남에서 사는 것은 기대와는 달랐다. 값싼 물가와 노동력 덕분에 몸은 편했지만 더러운 공기와 불편한 환경에 답답할 때도 많았고, 시간이 갈수록 늘어나는 인연에 신경이 쓰였다. 게다가 한국인들이 사는 곳과 아이들이 다니는 국제 학교가 대부분 비슷했기 때문에 한국에서의 생활과 별반 다르지 않았다. 한인 사회에서는 한두 다리만 건너도 나를 아는 사람들이었고, 모른다고 하더라도 남편 회사와 아이들의 학교는 대부분 알고 있을 정도였다. 한국보다 좁고 불편했다. 물론 즐거운 일도 많았고 소중한 인연도 있었지만, 소소하게 언짢은 일도 생기는 것이 해외 주재원 생활이었다.

그러다 베트남 생활이 끝나갈 무렵, 남편에게 말했다.

"나 영국에서 살아 보고 싶어. 아이들 데리고 한 학기 정도 지내보려고 해."

"뜬금없이 웬 영국?"

남편은 베트남에서 아이들을 국제 학교에 보내고, 영어 좀 하며 다니더니 이 여자가 무슨 허세인가 하는 표정으로 되물었다. 이런 남편의 반응은 예상했던 일이었다. 나 역시 혼자 이리저리 정보를 모으면서 아이들과 영국살이가 가능할지에 대해 여러 번 고민했기 때문이다. 내 계획이 무모하고 충동적이긴 했지만 조금 합리화를 하자면, 베트남에서 살면서 자연스럽게 주변 여러 나라들로 여행을 다녀 보니 한국도 동남아도 아닌 새로운 곳에서 살아 보고 싶어졌다. 그리고 아이들이 어리고 내가 하루라도 젊고 건강할 때, 이렇게 간절히 가고 싶을 때 깨끗한 공기와 자연이 있는 외국에서 살아 보고 싶었다. 한마디로 이렇게 곧장 한국으로 돌아가고 싶지는 않았다.

처음에 남편은 내가 한국으로 돌아가기 싫어서 투정을 부린다고 생각했는지 대수롭지 않게 여겼다. 하지만 나는 남편의 반응과는 상관없이 본격적으로 떠날 준비를 시작했다. 통보를 했으니 이제 정말 떠나기로 결정한 것이다. 비자가 쉽게 나오고 아이들이 안전하게 학교에 다닐 수 있는 나라, 그리고 숙소 렌트비와 학비, 물가 등 전체 경비가 상대적으로 저렴한 지역을 찾다가 최종적으로 영국 남서부의 한 마을을 선택했다.

"정말 추진력 대단하다."
"네 달 동안 아이들만 데리고 그 먼 곳에서 지낸다니! 멋지다."
"아이들에게 정말 좋은 경험이 될 것 같아."
"남편 없이 아이 둘을 데리고 가다니, 겁나지 않아?"
"영국이면 진짜 돈 많이 들 텐데."
"혼자 아이 둘을 데리고 외국에서 사는 건 주재원 생활과는 달라."

부럽고 대단하다고 칭찬해주는 반응이 대부분이었지만, 걱정 가득한 조언도 많았다. 모두 맞는 말이었다. 구체적으로 계획을 세우다 보니 4개월 동안 이 돈을 다 쏟아부어도 될지 걱정되는 금액이 나왔고, 영국으로 출국하기 전날에는 남편 없이 홀로 많은 짐을 들고 아이들을 데리고 가야 한다는 생각에 잠을 이루지 못했다. '정말 괜찮을까? 내 허황된 꿈 때문에 아이들을 고생시키는 건 아닐까?'하는 생각도 들었다. 어디 남모르게 잡혀가지는 않을지 뜬금없이 불안에 떨기도 했다. 사실 그런 걱정은 계획을 세우고 돈을 보내기 전에 해야 하는데, 모든 걱정과 근심은 이렇게 결정하고 나서야 밀려온다.

하지만 이런 고민과 걱정은 영국에 도착하자마자 정말 거짓말처럼 사라졌다. 깨끗한 공기와 넓은 공원에 아이들은 환호했고, 집 뒷마당에 펼쳐진 바닷가에서 매일 그림을 그리거나 뛰어다녔다. 영국의 학교생활 역시 즐거워했다. 셔틀버스에서 내리자마자 학교에서 있었던 일을 쏟아내는 모습을 보니 영국에 오길 잘했다는 생각이 들었다. 아침에 잔디밭을 뛰어다니는 토끼, 풀 속에서 꿈틀거리는 달팽이, 여우비가 지나간 자리에 펼쳐진 커다란 무지개, 그리고 맨발로 뛰어다니며 웃는 아이들의 웃음소리까지. 한국에서는 상상도 하지 못했던 환경과 아이들의 모습이 마치 영화 속 한 장면처럼 오버랩 되었다. 하루하루가 여행 같던 일상이었다.

아이들의 경험과 영어 연수를 앞세워 시작한 영국살이였지만, 더 많이 배우고 경험한 것은 나였다. 수시로 학교에 메일을 보내고 전화를 하면서 영어에 자신감이 생겼고(영어 실력이 딱히 향상된 것 같지는 않지만), 비싼 물가에 외식보다는 어쩔 수 없이 한정된 식재료로 요리를 하다 보니 손이 많이 빨라졌다. 한국 사람을 만나 이야기할 기회가 없고, 또래 아이들의 소식을 전혀 알 수 없으니 남과 비교하지 않고 온전히 내 아이만 바라볼 수 있었다. 그리고 무엇보다 편안한 일상에 감사했다. 아내의 무모한 결정을 따라준 남편, 영국 학교생활을 즐겼던 아이들, 우리의 선택을 존중해주신 양가 부모님 덕분에 가능한 일이었다. 한국이었으면 당연하다고 여겼을 이 모든 것들이 잠시 한 발짝 뒤로 물러서자 큰 감사함으로 느껴졌고, 그 마음으로 다시 한국에 돌아왔을 때 바쁜 일상을 좀 더 여유롭게 지낼 수 있었다.

영국살이를 준비하다 보니 나처럼 아이들과 함께 떠나는 해외 단기스쿨링에 관심 있는 엄마들이 많았다. 하지만 비용이나 영어 실력 혹은 정보 부족으로 막상 실천에 옮기지 못하고 있었다. 물론 비용과 영어 실력, 정보는 중요하다. 돈과 정보가 많고 엄마와 아이가 영어를 잘할수록 해외 단기 스쿨링을 좀 더 쉽게 추진할 수 있을 것이다. 하지만 직접 겪어 보니 가장 중요한 것은 '엄마의 용기(를 가장한 성급하고 겁이 없는 성격)와 아빠의 지지(를 가장한 해방감을 위한 마지못한 허락)'인 것 같다.

꼭 대도시가 아니어도 좋고, 가서 많은 것을 경험하지 않아도 된다. 아이들이 즐겁고 안전하게 학교에 다니면 되고, 엄마는 건강한 밥상을 차려주는 것만으로 충분하다. 그렇게 우리는 영국이라는 낯선 나라에서 120여 일 동안 새롭고도 평범한 일상을 보냈다. 아이들과 함께한 영국살이는 내 인생에서 가장 용기 있고 잘한 일이며, 아이들에게도 최고의 선물이 되었다. 이 소중한 경험을 다른 사람들과도 나누고 싶다.

목차

01
영국살이를 시작하다

02

영국에서 학교 다니기

03

여행이 일상이 되다

04

콘월, 데번 그리고 런던에서 보낸 시간들

01

영국살이를 시작하다

○ 우리가 지냈던 데번(Devon) 지역의 작은 마을

드디어
영국으로 가는 길

입국 심사를 처음 받는 것은 아니었다. 20대 때는 자주 배낭을 메고 여행을 다녔고, 지난 4년간은 베트남에 살면서 주위 여러 나라를 여행하며 입국 심사를 수없이 받아봤다. 다른 나라에 가는 것이 떨리거나 긴장된 적은 한 번도 없었다.

그런데 영국으로 떠나기 하루 전날엔 긴장이 극에 달했다. 수능 전날의 수험생처럼 빨리 내일이 와서 이 긴장이 끝났으면 좋겠다는 생각과 동시에 내일이 오지 않으면 좋겠다는 생각까지 들었다. 태평양 건너 멀고 먼 영국으로 10세와 6세인 두 아이를 데리고 가야 한다니. 게다가 공항에 도착해서 차로 4시간 이상 더 가야 한다. 당연히 미리 알고 준비했던 것들이 갑자기 두려움으로 몰려왔다.

불안한 마음에 짐을 다시 확인했다. 왕복 항공권은 물론 학교에서 받은 스쿨레터와 등록금 완납 영수증, 하우스 렌트비 완납 이메일, 은행 잔고 증명서까지 제대로 넣었는지 보려고 가방을 몇 번이나 열고 닫았다. 혹시 입국이 거절되면 허공에 날리는 돈은 얼마인지, 잘 다녀오라고 인사해준 지인들에게 뭐라고 얘기해야 할지, 아직 일어나지도 않았고, 일어날 가능성도 크지 않은 일들을 상상했다. 인터넷으로 '영국 입국 심사'를 검색하면 입국이 거부되었던 사례가 먼저 눈에 들어왔다. 생각보다 별거 없었다는 수많은 성공담 중에서도 주위에서 들었다는 거부 사례에 더 마음이 쓰였다. 자녀를 동반한 사람은 가족관계증명서까지 영문으로 발급해갔다는 이야기를 보니 '난 왜 미처 보지 못했을까'하고 뒤늦은 후회를 했다. 뜬금없이 입국 심사와 관련된 영어 동영상을 보고 영어 표현을 연습하기도 했다.

다음 날 아침, 알람이 울리기도 전에 5시 반에 잠에서 깼다. 자세히 기억나지 않지만 공항에서 뭔가 허둥대는 꿈을 꾼 듯했다(나는 중요한 일이 있으면, 그 전날 관련된 꿈을 꾼다). 밖에는 비가 내리고 있었다. 서두르긴 했지만 비가 와서 그런지 조금 빠듯하게 공항에 도착했다. 아이들은 새로운 나라인 영국에 간다고 한껏 들떠 있었지만, 나는 남편 없이 타국에서 4개월 남짓 살아야 한다는 생각에 긴장이 되었다. 그런 우리를 보는 남편의 눈은 걱정과 근심으로 가득했다. 그렇게 우리는 긴 비행길에 올랐다.

12시간의 장거리 비행은 생각보다 힘들지 않았다. 영국 항공이었지만 우리나라 TV 프로그램과 영화도 있었고, 원하는 사람에게는 컵라면도 주었다. 키즈 메뉴도 다행히 아이들 입맛에 맞았다. 아이들은 긴 비행 동안 영화를 보고 게임을 하며 잘 보냈다. 비행기를 많이 타봤어도 사고가 나지 않을까 불안해하는 편인데, 늘 그렇듯 안전하게 런던에 도착했다. 입국 심사 줄은 그리 길지 않았다. 자국민과 유럽연합 외국인, 그 외

나라 사람들을 위한 줄로 나뉘어 있었다. '그 외 나라 사람들' 줄은 대부분 동양인이었다. 심사관들을 보니 괜히 주눅이 들었다. 입국 심사대에서 짧게 이야기하고 나가는 사람도 있었지만, 주섬주섬 서류 뭉치를 보여 주며 꽤 오랫동안 이야기를 나누는 사람도 있었다. 어떤 한국인 노부부를 심사하던 심사관은 주위에 영어로 말할 수 있는 한국인이 없는지 수소문하며 통역을 요청하기도 했다. 입국 신고서를 미리 작성하지 않은 사람은 급하게 종이를 찾으러 나가기도 하고 다들 긴장한 것 같았다.

드디어 내 차례가 되었다. 일단 아이들부터 앞세우고 그 옆에 섰다. 아이와 동물은 상대방의 긴장을 누그러뜨리는 효과가 있으니 말이다.

"영국에는 무슨 일로 왔어요?(1번 예상 질문이었다)"

"공부하러요(to study. 최대한 간단하게 말했다)."

"누구? 당신? (여권을 뒤적이며) 학생 비자 없는데…."

"나 말고, 우리 아이들이요. 여기 입학확인서랑 등록금 영수증 있어요."

"단기간이군요. 아이들이 학교에 가면 당신은 뭘 할 예정인가요?"

"네?(예상치 못한 질문이라 순간 당황했다) 아, 그냥… 밥하고 빨래하고, 애들 보고(cooking, laundry, house chores)…."

"당신은 일하거나 공부하면 안 됩니다."

"네."

쾅! 마침내 입국 허가 도장이 찍혔다. 아이들은 단기 학생비자를, 나

○ 착륙하기 전, 비행기 안에서 본 런던의 모습

○ 우리가 지낼 곳은 어떤 모습일까. 고속도로를 달리던 차 안에서

는 6개월 관광비자를 받았다. 심사관들은 내가 정성껏 준비한 은행잔고 증명서와 하우스 렌트 매니저가 구구절절 적어준 이메일 출력본은 전혀 보지도 않았다. 나중에 들은 이야기지만 아이들을 학교에 보내고 뭐 할 거냐는 질문에 한국식 표현으로 집에서 '일한다'거나 '공부를 한다'고 말했다면, 조금 복잡해졌을 수도 있다고 했다. 심사관 입장에서는 일하는 것과 공부하는 것이 현지에서 취업을 하거나 학교에 등록해서 공부한다고 생각할 수 있기 때문이다. 그래서 관광비자로 들어올 때 절대 말하지 말아야 할 두 단어는 바로 'working'과 'studying'이다.

긴장 속에서 입국 심사를 무사히 마치고 짐을 찾아 나온 다음, 호텔로 가기 전에 공항에서 해야 할 일은 바로 유심칩을 구입하는 것이다. 요즘은 다들 스마트폰을 사용하고 유심만 바꾸면 현지에서 데이터와 전화를 쓸 수 있으니 편하다고는 하지만, 이런 시스템(?)을 전혀 모르는 나 같은 사람에게는 이 모든 용어가 생소하다. 출국 전에 열심히 찾아봤지만 이해가 되지 않았다. 플랜(plan)을 선택한 후, 탑 업(top up)해서, 애드 온(add on)을 하라니. 단어를 하나씩 보면 쉬워 보였지만, 합치니 도대체 무슨 말인지 이해할 수 없었다(알고 보니 요금제를 선택하고, 바우처를 구입해서 그 번호로 충전하라는 얘기였다). 예전에는 컴퓨터나 전자 기기 사용법에 대해 아무리 설명해도 알아듣지 못하는 어른들을 보면서 이렇게 쉬운 걸 왜 이해하지 못할까 생각했는데, 이제 내가 그런 나이가 된 것 같다. 21세기 최신식 스마트폰을 카메라와 전화기 용도로만 사용하고 있는, 전자 기기와 관련된 용어는 아예 외계어로 인식하는 마흔 살 아줌마. 하지만 걱정과 두려움을 잠시 접어누고, 모르면 물어보자는 심정으로 무작정 유심 파는 가게로 들어갔다.

"영국에서만 네 달 정도 있을 건데 어떤 걸로 사야 할까요?"
"손님이 원하는 유심을 사서 칩을 끼우고 쓰면 되지요. 유효기간이 한 달이니까 문자가 오면 탑 업하세요."
"아, 저 그게… 전 아무것도 몰라요. 어떤 걸로 사야 할지 모르겠어요."
"음, 그럼 먼저 쓰고 싶은 데이터 용량을 골라 봐요."
"그냥… 컴퓨터에 데이터를 연결해서 쓸 일이 많을 것 같은데. 그거 되는 걸로 주세요."
"그럼 이걸로 하세요(제일 비싼 걸로 권한다)."
"네. 그걸로 주세요(모자란 것보다는 남는 게 낫겠지!)."

나중에 알고 보니 음악도 잘 듣지 않고 동영상도 안 보는 나 같은 사람에게는 둘이 쓰다 죽어도 남을 만큼 많은 양이었다. 덕분에 안 보던 드라마와 영어 동영상을 많이 보고, 구글 지도도 유용하게 썼다.

우리가 영국에서 지내기로 한 곳은 남서부 데번(Devon)주의 작은 마을이었다. 런던에서 200마일 넘게 떨어져 있어, 시외버스를 타고 6시간이나 걸리는 곳이다. 시외버스 정류장까지 찾아가고, 마을에 도착해서 숙소까지 가려면 더 많은 시간이 걸릴 터였다. 버스도 이른 아침과 늦은 밤, 하루에 두 대만 다녀서 많은 짐을 들고 아이들을 데리고 가기에는

○ 105일 동안 우리의 평화로운 보금자리였던 샬레(chalet, 해변에 있는 목조 주택) 단지

무리였다.

여러 상황을 고려해본 후, 런던에 도착한 당일에는 근처 호텔에서 자고, 다음 날 아침에 콜밴을 타고 이동하기로 했다. 교통비가 비싸기로 유명한 영국에서 콜밴을 이용하는 요금은 사흘 숙박비에 버금갔지만, 아이들과 안전하게 목적지에 도착하는 것이 중요해서 돈을 아끼지 않기로 했다. 그런데 여기서 또 다른 문제가 생겼다. 차량 예약이 되었다는 메일을 영국에 도착하기 전에 받았는데, 출발 하루 전에 보내주기로 한 차와 운전기사에 대한 안내 메일이 오지 않은 것이다. 나는 황급히 호텔 로비로 가서 직원에게 말을 걸었다.

"제가 내일 아침에 차를 예약했는데, 확인 메일이 안 왔어요. 혹시 저 대신 전화 좀 해주실 수 있나요?"

"네?"

"예약이 제대로 되었는지 확인하고 싶어서요. 제가 전화로는 영어를 잘 알아듣지 못해서 그러니 대신 물어봐주세요."

내가 영어로 말하고 있으면서도 영어를 못한다고 하니 호텔 직원이 당황한 듯 보였다. 하지만 말이 길어질수록 점점 더 더듬거리는 내 모습을 보고 상황 파악이 되었는지 대신 전화를 해주겠다고 했다. 그리고 회사 측으로부터 예약 확인을 했으니 바로 메일을 보내주겠다는 답변을 받았다. 다음 날 운전기사는 정확한 시간에 도착했고, 우리는 또 긴 여정을 시작했다. 가는 중간에도 혹시 다른 길로 가는 것은 아닌지, 휴게

소에 우리를 두고 몰래 떠나지는 않을지 별의별 생각이 다 들었다. 지금 생각해보면 너무도 어이없는 상상이지만, 그만큼 불안하고 긴장됐던 여정이었다. 누군가에게 물어보는 걸 쑥스러워하고 차만 타면 꾸벅꾸벅 조는 나지만, 두 아이의 엄마가 되고 나니 그런 쑥스러움이나 피곤함이 사라졌다. 내가 생각해도 엄마는 정말 대단하다.

한국에서 영국까지 이틀 동안의 긴 여정이 끝나고 드디어 숙소에 도착했다. 리셉션에서 열쇠를 받고 집으로 들어가자 그동안 쌓였던 긴장이 풀리면서 순식간에 졸음이 몰려왔다. 드디어 영국에서 우리 가족이 살 보금자리에 도착했다.

영국에
우리 집이 생겼다!

우리가 머물게 된 곳은 시골이라고 하기엔 농사를 짓거나 낚시하는 것을 생업으로 하는 사람이 없는 것 같고, 관광지라고 하기엔 관광 인프라가 많지 않고 북적이지 않는(물론 우리가 비수기에 와서 그럴 수도 있지만) 작은 바닷가 마을이었다. 지역 주민들은 대부분 머리가 하얗게 센 노인들이고, 주위에 휴가용 별장(holiday home)이라고 적힌 단지들이 많은 것으로 보아 은퇴한 사람들이 많이 사는 것 같았다. 조용하고 평화롭지만, 조금은 심심하고 지루한 그런 곳이었다. 햇살이 쨍쨍한 날이면 집 앞의 작은 테라스에서 의자에 반쯤 누워 일광욕을 즐기는 할머니도 있고, 바닷가 길에 놓인 벤치에 앉아 책을 읽는 노부부도 있었다. 나 역시 커피 한 잔 들고 바다를 보면서 시간 가는 줄 모르고 멍하게 앉아 있던 날들이 많았다. 새들이 지저귀는 이른 아침에 문을 열면 토끼들이 깜짝 놀라 수풀 사이로 숨어 버리기도 했다. 보랏빛 저녁노을이 보일 무렵에는 어릴 적 동네에서 뛰어놀던 내게 밥 먹으러 들어오라며 소리치던 엄마 목소리가 들리는 것 같았다.

외국 살기를 시작할 때 가장 중요한 것은 숙소이다. 보통 외국에서 살기로 결심하면 최소한 거주할 지역과 숙소를 먼저 정한 후 그 지역의 학교를 알아본다. 하지만 나는 학교를 먼저 정하고 나서 학교 주변의 숙소를 알아보기 시작했다. 살기로 한 곳에 학교가 없거나 입학이 안 될 수도 있어서 학교가 확정된 후 그 지역 내에서 최대한 집을 구해보려 한 것이다. 그런데 한 학기밖에 되지 않는 짧은 기간이 문제였다. 세 달 반 정도로 렌트 해주는 집이 없었다. 또 일반 하우스는 가구나 살림살이가 구비되어 있지 않아서 렌트가 가능하다고 해도 가구는 물론 그릇, 조리기구, 수저 하나까지 다 사야 했다. 내 상황에는 레지던스형 호텔이나 에어비앤비가 적합한 듯해서 알아봤더니 작은 마을이라는 점이 걸림돌이었다. 유명 관광지나 대도시가 아니다 보니 온라인에서 확인할 수 있는 게스트 하우스나 에어비앤비가 거의 없었다. 몇 개 없는 호텔과 에어비앤비 마저도 세 식구가 세 달 이상 지내기에는 불편할 것 같았다.

그래서 일단 학교에 스쿨버스가 있는지, 있다면 어느 지역까지 운행이 가능한지 확인했다. 차는 렌트하지 않을 계획이었기 때문에 아이들의 통학 문제가 제일 시급했다. 다행히 학교에서 차로 30분 이내의 지역이면 스쿨버스가 제공된다고 연락이 왔다. 구글 지도에서 차로 30분 이내 통학이 가능한 지역에서 휴가용 별장(holiday rent, holiday homes), 단기거주(short term resident) 등을 키워드로 하여 숙소를 검색했다. 그렇게 찾아낸 곳은 100여 채의 독립된 집들이 모여 있어 마치 작은 마을(holiday village) 같은 느낌이었다. 찾아보니 내가 선택한 지역 외에도 영국인들이 자주 가는 휴가지에는 이런 형태의 별장이 많았다. 이용하지 않는 기간에도 관리를 해주기 때문에 사람들이 휴가용 별장으로 많이 구입하거나 렌트하는 것 같았다. 우리가 지내는 기간이 비성수기라 가격도 비싸지 않았고, 침대와 옷장은 물론 조리 기구와 그릇, 컵, 수저까지 다 있었다. 덕분에 집에 대해 크게 신경 쓸 필요가 없었다. 빌리지 내에 세탁실도 있고, 가까운 곳에 마트와 정육점도 있었다. 게다가 버스 정류장까지 가까이 있어 차 없이 지낼 우리 가족에게는 완벽한 곳이었다. 숙소를 정한 후, 정확한 비용(추가로 드는 비용이 없는지)과 숙소에 비치된 물품들 그리고 개인적으로 준비해야 할 것이 무엇인지 꼼꼼히 메일로 확인했다. 특히 두 달 이상 장기 거주할 때는 호텔이나 리조트에서 가격 협상이 가능한 경우가 많다. 그래서 사전에 메일로 정확하게 문의하는 것이 필요하다. 궁금하거나 요구할 사항이 있으면 하루에도 몇 번씩 메일을 보냈다. 예전에는 친구와 해외 배낭여행을 하면서 숙소를 정하지 않고 다닌 적도 있었다. 스마트폰도 없던 시절에 무슨 자신감이었는지, 도착해서 숙소를 정해도 되고 그게 여행의 묘미라고 생각했었다. 하지만 혼자서 아이 둘을 데리고 가는 여정이다 보니 그렇게 무작정 떠날 수 없었다. 예약이 제대로 되었는지, 집 상태가 괜찮은지, 내 상황과 계획을 제대로 이해하고 수용해줄 수 있는지 몇 번이나 확인하고 또 확인했다. 덤벙거리고 실수투성이였던 내가 아이를 키우다 보니 이렇게나 꼼꼼하고 집요해졌다.

우리 집 앞 바다 근처의 길가에는 작고 예쁜 건물이 줄지어 있었다. 처음에는 간단한 음료나 스낵을 파는 가게로 생각했지만, 그렇다고 하기엔 그 수가 너무 많았다. 집이라고 하기에는 터무니없이 작고, 지나갈

○ 우리 셋에게는 더없이 완벽했던 숙소

○ 바닷가에 줄지어 있던 작은 집(cottage)

○ 갑작스러운 방문을 즐겁게 맞아준 집주인 아주머니

때마다 문이 굳게 닫혀 있어서 정체가 궁금했다. 그러던 어느 날, 어느 집의 문이 열려 있는 것을 발견하고는 집주인으로 보이는 부인에게 말을 걸었다.

"혹시 거기 사세요?"

"집은 아니고 휴가 때 머무는 곳이에요."

"실례가 되지 않는다면 안을 좀 구경해도 될까요? 아이들이 궁금해하네요."

"그럼요. 잠깐 들어와서 봐요(역시 아이와 동물은 모든 대화를 자연스럽게 만든다)."

안에 들어가 보니 성인 세 명 정도 들어가면 꽉 차는 크기에 작은 테이블과 조리대가 있었다. 벽에 붙어 있는 매트를 내리니 이층 침대가 된다. 주말이라 이것저것 고치러 왔다던 집주인은 신기해하는 아이들에게 올라가보라며 권하기도 했다. 나올 때는 아이들에게 초콜릿까지 챙겨주었다. 이웃의 친밀함을 느낄 수 있었던 하루였다.

남편에게는 말하지 못했지만 영국에서 아이들만 데리고 지내는 것이 처음에는 너무 불안했다. 숙소에 도착해서 가장 먼저 확인한 것은 바로 보안 부분이었다. 영국의 집들은 담장이 낮고 창문도 허술한 데다, 현관에는 열쇠구멍 하나뿐 보조걸이도 없었다. 주위를 둘러보니 보안 카메라도 많이 설치되어 있지 않아 외부인이 들어오고 나가도 모를 것 같았다. 열쇠가 잘 잠기는지 점검하려고 여러 번 돌려봐도 잠기질 않아서 옆

집 청년을 불러 도움을 요청했다(역시 모를 때는 무조건 주위에 물어봐야 한다). 그 청년이 가르쳐준 대로 문고리를 위로 올려서 열쇠를 끼운 후 왼쪽으로 두 번 돌리니 빈틈없이 잘 잠겼다. 현관뿐 아니라 각 방 창문에도 열쇠가 있긴 했지만 허술해 보이는 집 상태 때문에 밤에 몇 번씩 깨서 문을 확인했다. 그래서 도착하고 며칠 동안은 참 많이 예민했다.

하지만 두 달 정도 지내다 보니 무뎌지기도 하고, 이웃들과 인사하며 지낼 정도가 되자 마음이 편해졌다. 가장 안심이 되었던 점은 대부분 사람들이 주위 사람들에게 관심이 없다는 것이다. 청소할 때나 햇볕이 좋은 날엔 현관문을 활짝 열어 두었는데, 지나가면서 집 안을 흘낏 보는 사람이 전혀 없었다. 나는 사실 지나가면서 문이 열려 있으면 안이 어떻게 되어 있을까 궁금한 마음에 몰래 본 적이 많았다. 그런데 다른 사람들은 정말 창문과 현관을 활짝 열어둬도 흘낏거리지 않는 것이다. 담장이 낮고 집이 다 트여 있어서 외부인이 드나드는 게 보이는 숙소가 더 안전할 수 있겠다는 생각도 들었다. 마치 우리나라 시골에 가 보면 대문이 거의 잠겨 있지 않은 것처럼 말이다. 물론 영국의 전반적인 치안이 좋은 편이긴 하지만, 상대적으로 절도 범죄는 적은 편이 아니라고 하니 무조건 믿고 안심할 일은 아니다. 그래도 우리가 살던 이 작은 마을은 평화롭고 안전했다.

시골살이에 아름다움과 평화로움만 있는 것은 아니다. 아침이면 욕조와 변기에 쥐며느리같이 생긴 벌레들이 대여섯 마리씩 출몰해서 우리를 놀라게 했다. 화장실에 들어간 둘째는 아침부터 끔찍한 비명을 지르며 뛰어나오기 일쑤였다. 어른 가운뎃손가락만 한 거미도 집 안 곳곳에서 갈 길을 잃고 헤매고 다녔고, 바닥 카펫 사이사이에 벼룩같이 생긴 것들도 꿈틀댔다. 방충망도 없어서 문을 열어놓기만 하면 온갖 벌레가 드나들었다. 영국의 집들은 작더라도 대부분 각자의 화단과 잔디가 있다 보니 집 안팎으로 벌레가 많다. 집 안에서도 신발을 신는 생활 습관 때문에 외부에서 벌레들이 집에 같이 들어오기도 하고, 방마다 카펫까지 깔려 있으니 오히려 이런 환경에서 벌레와 같이 살지 않는 게 이상할 정도였다. 어느 날, 빨래한 옷을 서랍장에 넣는 나를 보고 큰아이가 말했다.

"엄마, 친구들이 그러는데 옷장에서 옷을 꺼내서 입을 때는 꼭 털고 입으래."
"왜?"
"영국에는 옷장에 거미가 많아서 옷에 붙어 있을 수 있대."
"거미가 옷장에? 설마."

그러고 며칠 뒤 서랍장에서 꺼낸 셔츠에 풀 같은 끈적끈적함이 느껴졌다. 옷을 털었더니 정말 거미 한 마리가 튀어나왔다! 벌레뿐만이 아니다. 풀밭 곳곳에 토끼가 저지른 배설물과 나무나 집 아래 파놓은 구멍들, 볕이 좋은 날 깨끗이 세탁해서 널어놓은 빨래 위에 남겨진 새의 선명한 배설물, 비가 온 뒤 바닥에 짓눌린 달팽이 사체들까지. 아침에 현관문을 열면 어디서부터인지 거미가 줄을 타고 내려오다가 눈앞에서 맞닥뜨려 깜짝 놀랐던 적도 많았다. 아름다운 전원생활의 이면에는 이런 불편함도 있다.

그럼에도 현관문을 열면 푸른 잔디와 깨끗한 하늘이 펼쳐지고, 설거지하다 주방 창문 너머 바다를 바라볼 때면 언제 투덜거렸나 싶을 정도로 마음이 편해진다. 욕실에 다닥다닥 붙어 있던 쥐며느리 정도는 샤워기로 쓱쓱 흘려보내면 되고, 어른 가운뎃손가락만 한 다리를 가진 무시무시한 벌레도 뜰채로 잡아 밖으로 놓아주면 되니까. 나중에는 벌레에 익숙해져서, 지붕과 창문 모서리에 펼쳐진 커다란 거미줄을 자세히 보며 그림책에서 본 것과 똑같다며 신기해하기도 했다. 그렇게 우리는 시골 생활에 적응했다.

차 없이 지낼 수 있을까?

영국에서는 차가 없으면 불편하다고 해서 렌트를 해야 할지 고민했다. 특히 우리가 머무는 지역은 외진 곳이라 더 필요할 것 같았다. 하지만 막상 차를 몰고 다닐 생각을 하니 덜컥 겁이 났다. 낯설기만 한 좌측 주행도 불안했고, 혹시나 사고라도 나면 말도 잘 통하지 않는 곳에서 도와주는 사람 하나 없이 처리를 해야 하는 것도 자신이 없었다. 게다가 비용 문제도 무시할 수 없었다. 영국은 교통비가 매우 비싼 편인 만큼, 네 달 동안의 렌트비와 주유비, 주차비도 만만치 않을 터였다. 아이들에게는 스쿨버스가 있고, 나는 특별히 갈 곳이 있는 것도 아니니 차가 굳이 필요하지 않겠다는 생각이 들었다. 그래서 여러 가지 고민 끝에 차 없이 지내기로 했다.

영국은 런던을 제외하고는 대중교통이 잘 되어 있지 않다. 우리가 지내게 된 곳이 시골이라 더 그런지 모르겠지만 지하철은 당연히 없고, 버스도 단 한 대뿐이었다. 평일에는 30분마다, 일요일에는 1시간마다 한

○ 우리 마을에 오는 유일한 시내버스

대가 있었다. 택시가 돌아다니거나 정차 중인 것도 본 적이 없다. 전화로 택시를 불러야 하는데, 부른다고 바로 오는 것도 아니다. 택시를 타려면 버스를 타고 타운까지 나가야 할 만큼 외진 곳이라 처음에는 불편하기도 했다. 하지만 나중에는 미리 시간표를 보고 나가서 시간을 잘 활용할 수 있었다. 다행히 버스 시간은 거의 정확해서 무작정 기다리는 일은 거의 없었다.

버스에 익숙해지고 나니 오히려 운전하고 다닐 때보다 편했다. 영국은 특히 차량 도로가 좁아 서로 양보를 많이 해야 하고, 신호 없는 회전교차로(roundabout)가 많아 도로 흐름을 잘 읽어야 하는데 운전을 하지 않으니 전혀 신경을 쓸 필요가 없었다. 그리고 주차할 때마다 셀프 정산기를 찾아 주차비를 지불할 필요도 없다. 운전자들 대부분 느긋하게 운전하는 편이고, 무단횡단을 하는 보행자도 많아 한국식으로 운전했다가는 사고 날 위험도 있는데 그런 것으로부터 자유로웠다. 게다가 요즘은 지도 앱(application)이 워낙 잘 되어 있어서 실시간으로 교통 상황을 확인할 수 있고, 내 위치도 알 수 있어서 길을 잃거나 버스를 놓치는 일은 거의 없었다. 물론 구글 지도상으로 인도와 차도의 구분이 불분명해서 걷다가 갑자기 인도가 없어져 다시 되돌아오기도 했지만 말이다. 승용차로 20분이면 갈 거리를 버스로 1시간에 걸쳐 돌아간 적도 있었다. 하지만 버스 타는 것을 좋아하는 아이들 덕분에 여행하는 기분으로 돌아다녔다. 나중에는 길이 눈에 익고, 버스 시간도 거의 외우다시피해서 큰 불편함 없이 지냈다.

우리 마을의 버스는 안내방송은 물론이고, 버스 안에 노선도 하나 없었다. 전광판에 버스 번호와 최종 목적지, 그리고 중간에 지나치는 곳의 지명만 있을 뿐이다. 이것도 시간별로 바뀌어서, 같은 버스라도 전광판의 목적지와 지나가는 장소를 잘 확인하고 타야 했다. 내릴 때에도 알아서 벨을 눌러야만 정류장에 세워준다. 정류장 이름이 없는 곳도 많다. 주위에 눈에 띄거나 큰 건물이 있다면 눈치라도 챌 텐데, 내가 살던 동네는 건물이 다 비슷하게 생겨서 눈에 익숙해지는 데 시간이 꽤 걸렸다. 벨을 누르려다 주위를 살펴보는 순간 한두 정류장을 지나치거나, 벨을 미리 눌러서 목적지 전에 내린 적도 몇 번 있었다. 한 번 잘못 내리면 30분 동안 다음 버스를 기다려야 하기 때문에 벨 누르기가 조심스러웠다. 한번은 먼 곳에서 잘못 내려서 버스 기사에게 실수로 잘못 내렸다며 다시 태워 달라고 말한 적도 있었다(영국은 환승 시스템이 없고 버스비도 비싸서 요금을 또 내려면 억울하다!). 자주 타던 버스가 아닌 낯선 버스를 탈 때면 버스 기사에게 목적지를 확인하고 탔다. 그리고 버스에 타고 내리는 문이 하나인 데다 입구(겸 출구)가 좁아서 몇 번이나 내리는 사람과 부딪힐 뻔하기도 했다. 버스 앞문이 열린 것을 보고 나와 아이들이 반사적으로 버스에 올라탄 적이 있었다. 그런데 버스 기사가 사람들이 다 내린 후에야 요금을 계산해주는 것이었다. 그제서야 내가 너무 성급했다는 것을 깨달았다. 사람들이 내리기 전에 버스에 타는 것은 영국에서 매우 무례한 행동이었다. 이렇게 안내방송과 노선도도 없고 타고 내리는 문이 분리되어 있지 않은 버스는 참 불편했다.

하지만 기사나 승객들은 친절했다. 처음에 요금을 어떻게 내야 하는지 몰라 버스 입구에서 기사에게 한참 물어보곤 했다. 한국은 노선이나

○ 공간이 넓어 휠체어와 유모차가
자유롭게 탈 수 있던 버스

○ 아이들이 가장 좋아하던
버스 이층 맨 앞자리

지역 상관없이 교통카드 한 장으로 편하게 버스를 탈 수 있지만, 영국은 버스 노선이나 목적지에 따라 요금이 다르다. 일회권, 왕복권, 일일권, 일주일권, 한 달권 등이 있는데 이것도 노선을 지정해야 하는 것과 아닌 것 등 종류가 많아서 아무리 버스 홈페이지에서 설명을 읽어봐도 이해가 되지 않았다. 버스를 처음 타던 날에 기사에게 이것저것 물어봤더니 친절히 설명해주었고, 뒤에 서 있던 승객들도 누구 하나 나를 재촉하지 않았다. 괜히 내가 미안한 마음에 아이들을 재촉할 뿐이었다.

버스에서 내릴 때도 마찬가지였다. 늘 이층에 타고 싶어 하는 아이들 때문에 버스를 잠깐 타더라도 이층으로 올라갈 때가 많았다. 이층에 있으면 내릴 때도 시간이 걸려 마음이 급했는데, 기사는 물론 승차를 기다리는 사람들도 버스에서 승객들이 완전히 내릴 때까지 타지 않고 기다려 주었다. 꼭 우리에게만 그런 것이 아니라 언제나 기다림과 여유가 몸에 배어 있었다. 노인이나 아이들, 휠체어에 탄 승객이 있으면 버스가 쑥 아래로 내려가 편히 탈 수 있게 했고, 그들이 조금 늦게 자리를 잡더라도 모든 사람들이 완전히 앉기 전에는 출발하지 않았다. 심지어 이층으로 올라가는 승객이 앉을 때까지 기다려준다. 허둥지둥 움직이는 사람도 재촉을 하거나 불평하는 사람도 없었다. 서두르지 않아도 버스 시간이 거의 정확한 것도 신기한 일이었다. 교통 체증이 거의 없는 곳이기도 하지만, 중간중간 사람들이 많이 타는 큰 정류장에서는 시간을 맞추기 위해서인지 시동을 끄고 승객을 기다렸다. 한번은 버스에 이미 탔는데, 둘째가 갑자기 화장실에 가고 싶다는 것이다. 버스를 타고 목적지까지 가는 데 제법 시간이 걸릴 것 같아 무작정 참으라고 할 수 없었다. 다행히 출발 전이기도 했고, 정류장 앞에 공중화장실이 있어서 버스 기사에게 몇 시에 출발하는지 물어봤다. 3분 후에 출발한다는 대답을 듣고 얼른 아이를 데리고 그사이 화장실에 다녀오기도 했다.

한국에서는 아이 둘을 데리고 버스를 타고 다니기가 참 힘들었다. 행동이 느린 아이들을 보고 다른 승객들이 불평이라도 할까 봐 미리 교통카드를 꺼내고, 버스에 오르면 얼른 뛰어가 자리를 잡게 했다. 그리고 목적지에 도착하기 전부터 아이들을 일으켜서 문 앞에 미리 서 있게 했다. 재촉하는 기사와 승객들이 있어서 그러기도 했지만, 그렇지 않더라도 한국에서는 아이를 데리고 있는 것만으로 눈치가 많이 보였다. 흔들리는 버스 안에서 고사리 같은 손으로 손잡이를 꽉 잡고 비틀거리는 아이가 바로 앞에 서 있는데도 핸드폰만 보며 앉아 있는 사람, 아이를 챙기느라 잠시 주춤할 동안 아이를 밀치고 먼저 타버리는 사람, 아이의 교통카드가 바로 찍히지 않자 짜증을 내는 기사도 있었다. 하지만 영국에서는 전혀 그런 눈치를 본 적이 없다. 아이가 이층에 올라가서 앉을 때까지 기다려주는 기사부터 아이를 데리고 줄을 서 있으면 먼저 타라고 양보해주는 사람, 내가 조금이라도 아이를 서두르게 하면 괜찮다고 천천히 하라고 말해주는 사람들까지. 영국에서 지내는 동안 영국인들의 여유와 친절을 가장 많이 느꼈을 때는 바로 버스를 이용할 때였다.

남을 의식하지 않는 영국 사람들

영국의 날씨는 종잡을 수 없다. 우리가 머물렀던 곳은 바닷가여서 일교차가 크고 바람이 많이 불었다. 아침에는 입김이 나올 정도로 싸늘해서 잔뜩 껴입고 외출했는데, 낮이 되면 반팔 옷이 생각날 정도로 덥기도 했다. 게다가 햇볕이 꽤 따갑고 눈부셔서 선크림과 선글라스는 필수다. 바다 쪽 하늘은 구름 한 점 없는데, 길가 쪽은 시커먼 구름이 가득하고 비가 내릴 때도 있었다. 화창하다가도 갑자기 비가 퍼부을 때도 있었고, 그러다 또 맑아져서 큰 무지개가 떠오르기도 했다.

그러다 보니 사람들의 옷차림도 제각각이다. 같은 날씨라도 패딩을 입고 어그부츠를 신은 사람이 있는가 하면, 반팔 티셔츠를 하나 입고 슬리퍼를 신은 사람도 있다. 남을 의식하지 않고 추위가 느껴지는 사람은 따뜻하게, 그렇지 않은 사람은 얇게 입는 것이다. 비가 와도 우산을 쓰는 사람은 나뿐이었다. 대부분 그냥 비를 맞거나 겉옷에 달린 모자를 쓸

뿐이다. 영국은 트렌치코트와 장화가 필요한 나라다. 트렌치코트는 바람을 막아주며 가랑비 정도에는 젖지 않는 재질이고, 긴 장화는 비를 막아주는 동시에 보온 효과가 있기 때문이다. 한국에서는 몇 번 못 입은 트렌치코트를 영국에서는 9월, 10월 두 달 내내 교복처럼 입었다. 트렌치코트와 장화 그리고 불쑥 나타나는 햇빛을 가려주는 선글라스까지 더하면 브리티시 스타일(British style)이 완성된다.

한국에선 계절마다 비슷한 디자인의 옷을 입고 다니는 사람들이 많다. 지하철에서 여자들이 모두 베이지색 트렌치코트를 입은 것을 보거나, 학교에서 학생들이 모두 까만 롱패딩을 입고 급식을 먹는 사진을 보고 웃은 적이 있다. 한국 사람들은 대부분 비슷하게 입고, 비슷한 가방을 들고 다닌다. 고전적인 가치가 있는 명품마저도 해마다 유행이 있고, 길 가는 사람들만 봐도 유행을 알 수 있다.

하지만 영국에서는 그런 모습을 거의 볼 수 없었다. 굳이 영국 사람들의 옷차림에서 공통점을 찾아보자면, 낡고 오래되었다는 것이다. 핏이 느껴지지 않는 낡은 청바지, 목이 늘어난 티셔츠, 질끈 묶은 머리, 화장기 없는 얼굴, 보풀 가득한 점퍼. 공통된 아이템은 없지만 대체로 오래되어 보였다. 그나마 등산복 브랜드에서 많이 볼 수 있는 바람막이 점퍼 정도가 공통점으로 보이긴 했지만, 색깔과 디자인은 제각각이다. 우리나라의 기준에서 본다면 유행이 지난 촌스러움이 느껴졌다.

이처럼 영국엔 우아하고 품격 있는 브리티시 스타일만 있는 것은 아니다. 다들 각자 날씨에 맞게 입고 다닐 뿐 옷차림에 크게 신경을 쓰지 않는다. 멋진 고급 승용차에서 내린 할아버지의 낡은 뒷굽을 보고 놀란 적이 있다. 낡고 모서리가 해져서 한국에서라면 버려야 할 것 같은 가방을 들고 다니는 사람들도 여럿 봤다. 그중 가장 큰 충격(?)은 구멍 난 양말과 스타킹을 아무렇지 않게 신고 다니는 것이었다. 특히 어린아이들은 엄지발가락이 삐져나올 정도로 큰 구멍이 난 양말들을 신고 다니기도 했다. 어른들도 비슷하다. 한국에선 스타킹에 약간 올이 나가도 버리는데, 영국 여자들은 스타킹에 올이 완전히 쭉 나갔어도 아무렇지 않게 신고 다녀서 저게 유행인가 싶을 정도였다.

하지만 영국 사람들이 낡고 유행이 지난 옷을 입는다고 해서 어느 장소에서나 아무렇게 입는 것은 아니다. 브랜드나 유행은 따지지 않지만 장소와 상황에 맞게 옷 입는 것을 중요하게 생각한다. 예를 들어, 트레이닝복을 운동할 때를 제외하고 일상복으로 입고 돌아다니거나 끈으로 된 민소매 티를 입고 정찬이 차려진 식당에 가는 것, 청바지를 입고 출근하는 것은 예의에 맞지 않는 것이라고 한다. 자유분방한 것 같으면서도 격식이나 예의를 따지는 것이다.

영국에서 지내다 보니 나도 언제부턴가 남의 시선 따윈 전혀 아랑곳하지 않고 내 맘대로 다닐 수 있는 영국 생활이 편하고 좋아졌다. 한국에서는 밖에 나갈 때 풀 메이크업까지는 아니더라도 피부 톤을 보정하는 크림 정도는 바르고 다녔다. 차려입지는 않더라도 헌옷 수거함에나 들어갈 법한, 무릎이 나온 바지와 손목이 늘어나다 못해 해진 카디건을 입고 동네를 돌아다니지는 않았다. 그런데 영국에서는 그런 옷을 입어도 아무렇지 않았다. 베트남에서 오래 살았던 탓에 소매가 긴 옷이 거의 없어서, 버리려고 정리했던 오래된 겨울옷을 다시 꺼내 영국으로 가져

○ 제법 쌀쌀한 날씨인데도 사람들의 옷차림은 제각각이다

왔다. 그런데 영국에서는 전혀 버릴 만한 옷이 아니었다. 한번은 원피스를 입고 도서관에 간 적이 있는데, 세 명의 아주머니들에게 옷이 예쁘다는 칭찬을 들었다. 치마 길이와 품이 어정쩡해서 차마 입지 못하고 15년 정도나 옷장 깊숙이 넣어뒀던 원피스였다. 한국이었다면 예쁘다는 칭찬은 고사하고 뒤에서 수군거릴 만한 구식 디자인이었는데도 말이다.

어느 날은 아이들 학교에 행사가 있어서 조금 차려입고 간 적이 있다. 오랜만에 눈썹 정리를 하고 립스틱도 좀 바르고 정장 느낌의 치마를 입고 나름대로 신경을 쓰고 갔는데, 이런 노력이 무색할 정도로 다른 엄마들은 정말 자연스러운 모습이었다. 다들 비싼 고급 승용차를 끌고 왔는데도 옷차림은 너무나 수수했다. 운동화를 신고 패딩조끼를 입고 온 엄마가 있는가하면, 낡은 재킷에 어그부츠를 신은 엄마, 한국에서는 패션 테러리스트로 불릴 만한 청바지에 청재킷을 입은 엄마, 목이 덮인 폴라티에 셔츠를 걸친 엄마까지. 트렌치코트에 앵글부츠, 조그만 핸드백을 들고 온 사람은 나 하나뿐이었다. 한국에서는 나 혼자 자연스럽게 있으면 초라해지는데, 여기서는 나름 애쓴 모습이 더 튀고 어색한 느낌이었다.

그 후에는 나도 외모와 옷차림에 신경을 쓰지 않고 지내며 그 편함을 자유롭게 만끽했다. '탈코르셋'이 이런 느낌인 걸까? 외모에 신경 쓰지 않아 마음이 편안하다 보니, 다른 사람들의 외모도 눈에 들어오지 않았다. 한국에서는 내 옷차림에 신경 쓰는 만큼 남들의 옷차림도 많이 보았다. 부끄럽지만 마음속으로 다른 사람을 옷차림으로만 판단한 적도 있었고, 동시에 나도 남들에게 그렇게 보이지 않을까 신경을 많이 썼다. 그렇지만 영국에서 옷이 필요할 때는 주로 중고 가게(Charity Shop)에서 샀고, 한국이라면 거의 세기말 디자인일 것 같은 통청바지를 아무렇지 않게 입고 다녔다(한국에 돌아와서는 모두 헌옷 수거함으로 보내긴 했지만). 물론 한국에 있는 가족들과 영상통화를 할 때 화면에 비친 너무나 현실적인 내 모습에 깜짝 놀라기도 하고, 셀카를 찍다가 혼자 부끄러워서 사진을 다 지운 적도 있다. 그래도 영국에서 사는 동안 대부분의 시간은 외모 문제로부터 더없이 자유로웠다.

영국 사람들이 남들의 눈을 의식하지 않는 것이 하나 더 있는데, 바로 '흡연'이다. 요즘 한국에서는 길거리는 물론 식당에서도 담배를 피우는 사람이 거의 없기에 더욱 그렇게 느껴지기도 했다. 보통 한국에서는 길에서 담배를 피우는 사람도 주위에 아이들이 있으면 자리를 피하거나 반대쪽으로 연기를 내뿜는데, 영국은 그런 배려가 부족했다. 유모차를 밀거나 자기 아이 손을 잡고 가면서도 담배를 피워대는 정도니 다른 사람이 있어도 신경을 쓰지 않는다. 언젠가 정류장에서 아이들과 버스를 기다리던 날이었다. 지역 축제가 있던 날이라 일부 도로가 통제되어 버스를 한참 기다리고 있었다. 40분 정도 기다리다 보니 정류장에 모인 사람들과 인사하며 얘기를 나누었고, 아이들도 서로 장난을 치며 화기애애한 분위기였다. 그러다 갑자기 어디선가 담배 냄새가 나자 아이들이 바로 코를 막고 "어디서 담배 냄새가 나네."라고 말했다. 같이 놀던 한 아이가 "아, 우리 엄마구나. 우리 엄마는 심심하면 담배를 피워."라고 쿨하게 말하는 것이다. 그 소리를 듣고 아이의 엄마는 "어머, 미안해. 연기가 거기로 갔구나. 호호." 하며 웃는 것이었다. 아이들이 많아서 담배를 곧 끌 줄 알았더니 한 발짝 정도 뒤로 가서 계속 피우는 것을 보고 좀 황당했다. 아기와 얼굴을 마주 볼 수 있는 유모차를 밀면서도 아무렇지 않게 담배를 피우는 엄마를 볼 때마다 왜 저럴까 생각했는데 영국 사람들은 담배를 피우는 사람도, 그 모습을 보는 사람도 그다지 신경을 안 쓰는 것 같았다. 다른 사람들이 보고 있는데 아이 앞에서 담배를 피울 정도면 완전 개념 없는 부모로 손가락질을 받을 정도인데 말이다. 영국인들은 참 쿨한 것 같기도 하고 한편으론 다른 사람에게 관심이 없는 것 같다.

영국에서 한식 요리하기

영국살이를 시작하며 처음부터 한식만 해먹을 생각은 아니었다. 아침은 간단히 시리얼과 빵을 먹고, 아이들이 학교에서 점심으로 피자나 파스타 또는 간단한 샌드위치를 먹고 올 테니 저녁엔 밥을 해먹이고 주말에는 한 끼 정도 외식을 하려고 했다. 베트남에서 살 때 만났던 한 독일인 엄마가 방학 내내 세끼 반찬을 걱정하던 내게 "따뜻한 음식은 하루에 한 번으로 충분하지 않아?"라고 말했던 것처럼 나도 영국에서는 유럽식으로 살아 보겠다고 결심했다.

그러나 영국에 도착한 다음 날, 호텔에서 조식을 먹을 때부터 나의 영국 식단 계획은 난관에 부딪혔다. 호텔 규모에 비해 빵 종류도 많고 과일도 푸짐해서 맛있게 아침을 먹은 나와는 달리 아이들은 먹을 게 없다고 투덜거렸다. 그러고 보니 이제까지 우리가 여행 다닌 나라들은 쌀을 주식으로 하는 아시아 지역이었다. 머무는 호텔마다 중국식 쌀죽이나 미소된장국이 있어서 달걀에 밥을 비벼 먹는 걸로 아침을 잘 해결했다.

그래서 여행 다니면서 아이들 음식에 대해 걱정을 해본 적이 거의 없었다. 없어서 못 먹지, 있으면 뭐든 잘 먹는 아이들이라 서양식도 당연히 잘 먹을 거라 믿었다.

영국 집에서 처음 맞이한 아침에는 간단하게 시리얼과 빵을 준비했다. 영국은 시리얼과 빵이 주식이라 마트마다 종류가 많고, 영국 물가 대비 가격도 저렴한 편이다. 이 정도 식단이라면 식비가 별로 안 들 것 같아 안심도 되었다. 그런데 예상 밖으로 아이들이 전혀 먹지 않는 것이 문제였다. 밥과 김치가 없어서 도저히 못 먹겠다는 것이다. 할 수 없이 비상용으로 가져온 햇반과 김을 꺼냈다. 정말 한식이 그리울 때만 먹으려고 아껴둔 건데, 영국에 온 첫날부터 찾게 되었다. 주말에 갔던 식당에서도 아이들은 감자튀김만 몇 개 집어 먹을 뿐, 버거와 샌드위치는 손도 대지 않았다. 집에 돌아와 햇반과 김치로 다시 저녁을 먹어야 했다. 우리의 소중한 비상식량들은 일주일도 되지 않아 동이 나버렸다. 예상치 못한 일이었다.

그래서 급하게 영국에서 한식 요리 재료를 구해야 했다. 우리 동네에는 중국이나 일본 식당이 전혀 없었고, 마트에서도 식재료를 구할 수 없었다. 그래서 김치와 쌀은 온라인으로 구입했고, 마트에서는 삼겹살, 돈가스, 참치캔 등 한식 요리를 할 수 있는 식재료를 샀다. 영국에서 사는 동안 여행 기간을 제외하고는 외식을 할 수 없었다. 동네 자체에 식당이 거의 없기도 했고, 있더라도 모두 버거와 피시앤칩스를 파는 펍 같은 곳이라 아이들이 가고 싶어 하지 않았다. 한국에서는 가끔 반찬 가게를 이용하고 배달 음식도 시켜 먹었는데, 내가 살던 영국의 작은 마을에서는

○ 조촐하지만 소중했던 한식 상차림

○ 쌀과 김치가 온 날은 파티하는 날이다!

그런 건 꿈도 꿀 수 없었다. 불편할수록 요령이 는다고 했던가. 그 덕에 영국에서 사는 동안 손이 제법 빨라졌다. 양손 가득 장을 봐도 뭘 해먹을지 몰라 요리책을 뒤적거리던 초보 주부였는데, 이제 냉장고에 있는 재료들만 봐도 메뉴를 떠올리는 베테랑이 되었다. 영국에서 해먹곤 했던 집밥 메뉴와 식재료를 몇 가지 소개한다.

냄비밥

영국에 있는 동안 매일 아침, 냄비에 밥을 했다. 내가 매일 밥을 해먹는다고 하니, 둘째 아이와 같은 반 친구의 싱가포르 출신인 엄마가 놀라며 물었다.

"한국에서 밥솥을 가져온 거에요?"

"아뇨, 매일 아침에 냄비로 밥을 해요."

"냄비에 매일 밥을 한다고요? 대단하네요. 차도 없는데 쌀은 어디서 사요? 우린 2주에 한 번 쌀 사러 1시간 정도 걸리는 도시에 있는 마트에 가거든요."

"쌀은 아마존에서 구입해요. 배달도 빨리 오고 편하더라고요."

역시 밥을 먹는 동양인들은 서로 통한다. 우리는 그렇게 한참 동안 음식 얘기를 했다. 영국 음식은 모는 것이 감자다. 으깬 감자(mashed potato), 구운 감자(baked potato), 튀긴 감자(chips). 도대체 질리지도 않냐며 서로 웃었다. 아마 영국인이 들었다면 쌀을 어떻게 매일 먹을 수 있냐고 물었을 것이다. 하지만 우리가 보기엔 영국은 음식 종류도 다양하지 않고, 맛도 밋밋하다.

영국에 오기 전엔 냄비로 밥을 하게 될 줄 몰랐다. 늘 밥은 전기압력 밥솥이 알아서 맛있게 해줬다. 쌀을 씻어 물과 함께 넣고 버튼만 누르고 시간이 지나면 알아서 따뜻한 밥이 되어 있었다. 그런데 영국에서는 한국식 밥솥이 없었고, 짧은 거주기간 동안 구입해서 쓰기도 아까워서 그냥 숙소에 있던 냄비로 밥을 짓기로 했다. 먼저 쌀을 씻어 10분 정도 불린 후에 센 불에 뚜껑을 덮고 쌀을 끓인다. 팔팔 끓으면 중불에서 숟가락으로 저어주고(앗, 영국 숙소에는 주걱이 없다) 불을 끄고 남은 열기에 10분 정도 뜸을 들이면 된다. 쌀을 불린 정도나 물의 양에 따라 밥이 꼬들꼬들해지기도 하고, 눌어붙기도 했지만, 생각보다 시간이 오래 걸리지 않았다. 누룽지가 생기면 물을 넣고 끓여서 아침 식사로 먹으면 안성맞춤이었다.

마트에서 한국 식재료는 구할 수 없었지만, 다행히 쌀은 구할 수 있었다. 바스마티 쌀(Basmati rice, long grain rice)과 아보리오 쌀(Arborio rice)을 찾았다. 바스마티 쌀은 인도산인데, 끈기가 없고 특유의 향이 있어 그냥 밥으로만 먹기에는 좀 거부감이 든다. 어쩔 수 없이 먹어야 할 때는 주로 카레에 비벼 먹거나 국에 말아 먹어야 했다. 그래도 아이들은 거의 먹지 않으려고 했다. 아보리오 쌀은 이탈리아산인데, 쌀알이 통통해서 우리가 먹는 쌀과 비슷해 보였다. 리소토용이라 전분 함량이 높아 밥을 해먹기에 괜찮았다. 하지만 우리 입맛에 가장 맞는 것은 역시 윤기가 흐르고 끈기가 있는 한국 쌀이다!

고기&생선

한국에 비해 가격이 저렴하고, 아이들도 좋아해서 거의 매일 반찬으로 만들어 먹었던 것이 돼지고기였다. 자주 먹었던 것은 등심스테이크(loin steak)로, 구워서 그냥 쌈장에 찍어 먹기도 하고 야채와 함께 볶아 먹기도 했다. 삼겹살(belly slices)도 수육이나 오븐구이로 종종 해먹었다. 다진 쇠고기(mince beef)는 간장에 볶아 비빔밥이나 볶음밥에 넣어 먹었다. 즐겨 먹지는 않았지만 닭고기와 양고기, 오리고기도 마트에서 볼 수 있었다.

바비큐나 로스팅, 스테이크가 주된 고기 요리인 영국에서는 우리나라의 불고기처럼 얇게 잘라주지 않는다. 마트에서 포장된 고기만 사다가 하루는 원하는 대로 잘라주는 정육점 코너를 이용해보기로 했다. 한참 고민하다 스테이크용 고기를 골라 "종이처럼 얇게 잘라주세요."라고 얘기했다. 그랬더니 스테이크 두께의 3분의 1 정도로 썰어주었다. 더 얇게 잘라 줄 수 없는지 물었더니 웃으면서 자기는 이것보다 더 얇게는 못 자른다고 했다. 그 후 동네 정육점을 돌아다니며 그것보다는 얇게 잘라주는 곳을 발견했지만, 한국식 불고기만큼 만족스럽게 잘라주는 곳은 결국 찾지 못했다. 그래도 불고기가 먹고 싶을 때는 얇은 스테이크를 잘라 양념에 재어 먹었다. 한국 정육방식이 무척이나 그리웠다.

마트에서 고기뿐 아니라 해산물이나 생선도 쉽게 구입할 수 있었다. 정육점처럼 고객이 원하는 대로 잘라주기도 하지만, 대부분 생선 대가리와 뼈가 깔끔하게 발라져 포장되어 있는 것을 샀다. 훈제고등어(smoked mackerel), 청어(herring), 농어(sea bass), 대구(sea cod) 등 이름은 낯설지만, 맛은 한국에서 구이로 먹는 생선과 별반 다르지 않았다. 전분도 마트에서 구할 수 있어서, 종종 전분에 생선을 묻혀 구웠는데 바삭하고 맛있었다.

채소&과일

영국 식재료는 한국에 비해 저렴한 편이다. 우유나 주스, 빵처럼 영국인의 주식이 되는 것들은 대부분 1파운드 정도 수준이다. 마트에서 채소와 과일은 대부분 한두 번 먹으면 끝날 정도의 양으로 포장되어 있어, 남아서 버릴 일이 거의 없었다. 과일도 사과 다섯 개, 포도 한 송이, 토마토 여섯 개 정도로 포장되어 있고, 채소도 한 봉지에 200그램 정도로 포장해서 판다. 그렇게 해서 한 봉지당 우리나라 돈으로 천 원에서 이천 원 사이였다. 채소와 과일만 사오는 날에는 장보는 비용이 만 원도 채 되지 않았다. 마트에서 가격 비교를 꼼꼼히 하지 않고 장바구니에 척척 담으니 왠지 부자가 된 느낌이었다.

그 덕분에 채소 반찬을 많이 했다. 가장 애용한 것은 그린빈이었다. 한 봉지에 천 원도 하지 않는 착한 가격에 아삭한 식감이 너무 좋은 그린빈은 대부분의 볶음 요리에 활용할 수 있다. 돼지고기나 버섯, 베이컨과 함께 볶기만 해도 훌륭한 반찬이 된다. 시금치(spinach)도 많이 먹었다. 한국에서는 여름에 시금치가 너무 비싸서 한동안 못 먹었는데, 영국에서는 시금치로 국도 끓이고, 나물도 무쳐 먹었다. 한식에 자주 이용하는 양파, 마늘, 파 모두 한국보다 저렴하다. 큰 것, 작은 것, 길쭉한 것, 동그란 것 등 종류도 많다. 부추와 깻잎, 콩나물 빼고는 다 구할 수 있다.

○ 영국은 야채와 과일이 저렴한 편이다

영국에서도 한국에서처럼 온라인으로 장을 볼 수 있다. 그렇지만 대부분 50파운드나 60파운드 이상 되어야 무료배송이 가능해서 이용할 일이 거의 없었다. 한국은 몇 가지만 담아도 10만 원이 훌쩍 넘지만 영국은 기본 식재료만으로 50파운드를 넘기기 어려웠고, 고기와 생선은 필요할 때마다 동네 가게에서 바로 구입하는 것이 편했다. 채소와 과일도 동네 가게에서 사기 시작한 이후로는 마트에 갈 일이 많이 없었다. 온라인 쇼핑을 할 때 가장 자주 이용한 곳은 '아마존'이다. 아마존에는 웬만한 한국 식재료가 다 있었지만 마트에서 구할 수 없는 쌀과 김치만 구입했다. 참기름(sesame oil)과 간장(soy sauce)은 현지 마트에서 살 수 있었고, 된장과 고추장은 한국에서 충분히 가져왔기 때문이다.

온라인에서 파는 김치는 대부분 중국 업체에서 만드는 듯했다. 반갑게도 우리나라 대표 김치 브랜드가 있어서 주문했는데, 신문지에 둘둘 말려 종이 박스에 포장되어 왔다. 아이스박스나 에어팩 같은 포장재는 없고 작은 생수병만 있었다. 사은품인가 했더니 그냥 충격을 완화하기 위해 넣은 것이었다. 황당했다. 포장 김치는 발효 가스가 차서 터지기 일보 직전이었다. 5봉지를 주문했는데, 아마 배송 도중에 터졌다면 정말 난감했을 것이다. 한국 브랜드 김치라 당연히 한국에서처럼 아이스박스에 드라이아이스를 함께 넣어 곱게 보내줄 것이라 기대했는데, 역시 택배 서비스는 한국이 최고다.

배달 사고도 한 번 있었다. 배송 예정일이 지났는데도 리셉션을 갈 때마다 택배가 보이지 않았다. 하루 정도 지나 물어보니 어떤 안내장을 주었다. 택배기사가 물건을 가지고는 왔는데, 리셉션 문이 잠겨 지역 우체국으로 보냈다는 것이다. 택배 도착 시간이 점심시간인 걸 보니 그때 리셉션 문이 잠겨 있었던 것 같다. 주소에 우리 집 번호도 적혀 있었는데 집으로는 가져다주거나 연락도 없이 야속하게 우체국으로 바로 보내버린 것이다. 하필 쌀 10kg를. 왠지 리셉션 직원은 내가 찾아가서 물어보지 않았다면 안내장도 주지 않았을 것 같았다. 그때뿐 아니라 나중에도 택배가 도착했다고 알려준 적이 한 번도 없었다. 택배가 왔다고 알려주거나 보관해주는 것이 그들 일은 아니니, 뭐라고 따질 명분도 없어서 그저 택배를 찾으러 버스를 타고 타운까지 가야 했다. 그렇게 예정에도 없던 영국 우체국까지 구경해보게 되었는데, 나처럼 택배를 받지 못해 우체국에 온 사람이 많았다. 여권과 안내장을 보여 주니 물건을 찾아주었는데 박스에는 '무거움, 아주 무거움(heavy, very heavy)'이라는 경고문(?)이 적혀 있었다. 그 무거운 쌀을 혼자 들고 다시 버스를 타고 집으로 돌아왔다. 주문한 쌀을 문 앞에 놓고 문자로 알려주시는 친절한 한국의 택배 기사님과 택배를 맡아주고 인터폰까지 해주시던 경비 아저씨가 생각나던 하루였다.

엄마의 영어 공부

영미권 국가에서 공부를 해보는 것은 나의 오랜 꿈이었다. 내가 대학교를 다니던 무렵에는 전공과 관계없이 1년 정도 휴학을 하고 외국으로 어학연수를 다녀오는 친구들이 많았다. 경제적으로 여유가 있으면 미국이나 캐나다로 어학연수를 떠났고, 그러지 못하면 호주로 워킹홀리데이라도 가던 추세였다. 필리핀이나 뉴질랜드도 미국이나 영국에 비해 저렴한 편이라 그곳으로 가는 친구들도 많았다. 당시 나는 아르바이트로 등록금을 버는 것만으로도 빠듯한 상황이었고, 빨리 졸업해서 돈을 벌어야 한다는 생각에 어학연수만을 위해 휴학을 하는 것은 사치라고 생각했다. 졸업해서 취업을 하는 것이 더 시급했다. 졸업 후 직장에 다니다가 결혼까지 하게 되니 그 꿈은 자연스레 사라지게 되었다.

처음 아이들과 영국에서 살아 보려고 마음을 먹었을 때 잊혔던 꿈이 새록새록 떠올랐다. 아이들의 학교를 알아보면서도 내가 공부할 수 있는 대학교나 어학원을 찾아보았다. 내가 석사 과정을 밟으면 아이들을 공립학교에 무료로 보낼 수 있다기에 솔깃했다. 하지만 막상 외국에서 혼자 아이 둘을 챙기면서 대학원 공부를 할 자신이 없었다. 내 학비를 쓰면서 아이들을 무료로 공립학교에 보내는 것과 그냥 사립학교에 보내는 비용이 차이가 거의 없기도 했다. 내가 학교를 다니면서 공부하는 데 들이는 시간과 노력까지 생각한다면, 그냥 집에서 엄마 역할만 하는 것이 아이들에게 더 나을 것 같았다. 결국 아이들만 사립학교에서 가을 학기를 다니기로 결정했다.

숙소와 학교를 알아볼 때만 하더라도 영어 때문에 의사소통이 어렵진 않았다. 아이가 베트남에서 영국계 학교를 다녔기 때문에 전반적인 커리큘럼이나 시스템이 비슷했다. 비자 문제를 제외하고는 특별히 궁금하거나 모르는 점이 없기도 했고, 숙소도 홈페이지에 웬만한 정보가 다 나와 있으니 돈만 보내면 될 일이었다. 간혹 챙기고 확인해야 할 부분은 메일로 주고받았다. 시차 때문에 전화로 문의하지 않기도 했었지만 영어로 듣고 말하는 것보다, 읽고 쓰는 것이 더 편하기도 했다.

그러나 문제는 영국에서 살기 시작하면서부터였다. 입학 준비나 문의 사항은 메일로 주고받을 수 있었지만, 학교에서 갑작스러운 스케줄 변경이나 셔틀버스 문제로 전화가 올 때는 어쩔 수 없이 영어로 말할 수밖에 없었다. 직접 보고 말하면 그나마 의사소통이 가능하지만 갑작스러운 전화는 당황스러웠다. 상대방의 말이 빠르다고 느껴지면 솔직하게 양해를 구하기도 했다. 통화할 정도로 영어가 유창하지 않으니, 천천히 쉽게 이야기를 하거나 문자를 보내달라고 했다. 변명일 수 있지만 정말이지 영국식 발음은 너무 어려웠다. 학교 직원이나 선생님들과 이야기할 때는 천천히 이야기해달라고 말할 수 있지만, 가게나 식당에서까지 매번 그럴 수 없는 노릇이었다. 말할 줄 모르고 듣지도 못하는 사람처럼 지낼 게 아니라면 영어 공부를 해야만 했다.

우리가 지내던 곳이 이민자나 유학생이 많은 지역이 아니어서 주위에 영어를 가르쳐주는 기관이나 어학원이 없었다. 근처 평생교육센터에서 영어를 가르쳐준다고 해서 갔더니 외국인을 위한 것이 아니라, 글을 읽지 못하는 현지인을 위한 수업이었다. 도서관이나 카페, 마트 같은 곳에서 요가나 그림을 가르쳐준다는 광고는 있어도 영어는 없었다. 구글에 검색을 해보니 타운 쪽에 몇 건의 과외 정보가 나왔다. 가격도 한국에서 받는 원어민 과외 시세의 절반이었다. 나는 일주일에 한 번 과외 교사의 집에 가서 영어 수업을 받기로 했다.

내 영어 과외 선생님이었던 제시는 일본과 중국 학생들에게 화상으로 영어를 가르치고 있다고 했다. 경험이 있어서인지 수업이 꽤 알차고 유익했다. 사실 괜찮은 원어민 교사를 찾는 것은 쉽지 않다. 영국은 예체능을 제외하고는 공부를 가르쳐주는 과외가 거의 없고, 있더라도 우리나라처럼 소위 공부 잘하고 좋은 대학을 다니는 사람이 굳이 영어 과외를 하지 않는다. 영어가 모국어다 보니 그냥 특별한 자격이나 전공 없이 가르치는 사람이 대부분이다. 제시도 낮에는 마트와 펍에서 파트타임으로 일하고, 저녁에는 동양인들에게 영어를 가르치고 있었다. 한국 기준으로는 스펙이 한참 모자란 과외 선생님이었다.

하지만 제시는 예전에 한국에서 만났던 원어민 교사들과 달랐다. 영

○ 내가 영어 수업을 받았던 제시의 집

어가 모국어인 사람들은 대부분 외국어를 배우는 사람을 이해하지 못한다. 어떤 부분을 어려워하고, 어떤 부분에서 실수를 많이 하는지 모른다. 영어를 배우려는 사람의 수준도 천차만별이기 때문에 학생들의 눈높이에 맞춰 수업하기도 쉽지 않다. 어느 정도 의사소통이 된다고 느껴지면 준비 없이 와서 "오늘은 무슨 공부 하고 싶어?", "네가 원하는 주제로 이야기해볼까?"라고 말하며 프리토킹으로 시간을 때우는 원어민도 많다. 그러나 제시는 가르친 경험이 많은 것이 느껴졌다. 또한 문학과 책을 좋아해서 서로 책 이야기를 많이 나눴다. 내가 요구하는 부분은 언제나 귀 기울여 들어주고, 수업에 바로 적용해주었다. 수업은 제시의 집에서 했는데, 외국인 학습자를 위한 참고 서적이 많은 걸로 봐서 수업 준비를 꼼꼼히 하는 인상을 받았다. 나도 원어민 교사들이 일반적으로 놓치는 부분을 미리 알고 있었기 때문에 원하는 것을 분명하게 요구하기도 했다.

내가 수업에서 제일 먼저 요구한 것은 발음이었다. 영어는 특정한 나라나 지역의 언어인 동시에 세계어라서 모든 사람이 영어를 모국어로 쓰는 사람처럼 완벽한 발음을 할 필요가 없다. 문장 속에서, 상황 속에서 듣는 사람이 이해 가능한 정도의 발음을 구사하는 것이 요즘 영어 교육의 목표와 방향이기도 하다. 나 역시 그 목표가 맞는다고 생각했고, 나 정도면 '이해 가능한 발음'을 가지고 있다고 생각했다. 하지만 정작 영국에 와보니 그렇지 않았다. 완벽한 문장으로 구구절절하게 이야기하는 것보다 간단하게 단어 한두 개로 말하는 상황이 많았다. 유창하게 문법적으로 정확한 문장을 구사하는 것도 중요하지만, 하나의 단어를 완벽하게 발음해야 하는 상황도 많았다. 나의 발음은 그저 한국인을 많이 만나본 눈치 빠른 외국인들이나 이해할 수 있을 정도라는 현실을 깨달았다. 그래서 다시 처음부터 영어를 배우는 마음으로 발음 수업을 받았다.

듣기 실력 역시 많이 부족한 부분이었다. 실제로 외국 생활을 할 때는 말하는 것보다 들어야 하는 상황이 훨씬 많다. 특별히 친구를 사귀거나 이웃들과 수다를 떠는 게 아니라면 말하는 상황도 거의 없고, 있더라도 외국인으로서 필요한 말은 정해져 있다. 대개 "이거 얼마인가요?", "저는 이것을 원해요.", "이것 해주세요." 정도의 부탁하는 표현이다(사실 이것도 딱히 중요하지 않다. 가게나 식당의 물건과 메뉴, 가격은 다 쓰여 있어 굳이 물어보지 않아도 된다). 문제는 그다음이다. 내 말이 끝난 뒤에 상대방이 하는 말들이 속사포였다. 도무지 그게 무슨 말인지 생각할 틈도 없이 한 귀로 들어왔다 다른 귀로 빠져나갔다. 머릿속에 겨우 저장했던 문장들이 더러 있더라도 문제였다. 따져보면 다 아는 단어인데, 합쳐놓으니 무슨 말인지 알 수 없었다. 수업 첫날 나의 부족한 점을 이야기하고, 이런 부분을 집중적으로 지도해달라고 말했다. 수업을 총 10번 받았는데, 모두 알차고 유용했다. 영국 고전문학 작품에 대한 수업을 하기도 했고, 영국인이 일상에서 자주 쓰는 표현을 정리하는 수업도 있었다. 늘 잘 준비된 자료로 수업을 받았고, 수업이 끝난 후에는 피드백과 함께 자료를 메일로 받았다. 배우는 것도 많았지만, 타국에서 말할 친구 하나 없던 내 일상에 활력소가 되었다. 과외를 받는 일주일에 한 시간이 가장 집중적으로 듣고 말하는 시간이었다. 공원이나 슈퍼에서 자주 듣는 표현들을 기억했다가 수업에 써먹기도 하고, 궁금하거나 이해하지 못했던 상황들에 대해서도 물어볼 수 있었다.

영어를 잘하려면 현지에서 친구를 많이 사귀라고 하지만, 솔직히 아이들만 돌보는 엄마들에게 현지 친구를 사귀기란 쉽지 않은 일이다. 이십 대에야 외국인 친구를 시간과 노력을 들여서라도 만나고 싶어 하지만, 나이가 들면 우리말로 하는 수다도 피곤한데, 굳이 외국인까지 만나 얘기를 나눌 에너지가 없다. 하지만 외국에서 영어 공부를 할 기회가 있다면 꼭 개인 과외를 받아보라고 권하고 싶다. 이왕이면 같이 편안하게 얘기 나눌 수 있는 여자, 그리고 같은 또래 엄마면 더 좋다. 제시는 우리 둘째와 동갑인 아들이 있어서 공통적인 대화 주제가 많았고, 싱글맘이라(나도 영국에서는 싱글맘 상태) 같이 아이들을 데리고 종종 공원에 가기도 했다. 짧았지만 외국에서 영어 공부를 해보고 싶다는 이십 대의 소원이 마흔이 되어 이렇게 이루어졌다. 비록 케임브리지나 옥스퍼드 같은 멋진 대학 캠퍼스가 아닌 작은 시골 마을의 낡은 연립주택(flat)에서 배우는 영어긴 했지만, 어쨌든 영국에서 영어 공부를 한 셈이다. 몇 번의 수업으로 영어 실력이 드라마틱하게 향상되지는 않았지만, 영국에서 살며 얻을 수 있던 소중한 배움과 경험이었다. 영어는 배우는 장소가 중요한 것이 아니라 언제 어디서든 열심히 외우고 연습해야 한다는 결론도 얻었다. 영어 공부는 스스로 열심히 하는 것이다. 어학연수도 내가 하기 나름이다. 요즘처럼 인터넷 자료가 풍부한 시대에는 의지만 있다면 한국에서도 충분히 영어를 배울 수 있다는 생각을 하게 되었다.

그림 그리는 여자

가끔 친구들이 내게 영국에서 뭘 하며 지내는지, 심심하진 않은지 카톡으로 안부를 묻곤 했다. 보통 집안일하고 장보고 책을 읽다 보면 하루가 금방 간다고 대답하지만, 솔직히 심심한 날도 많았다. 매일 빨래와 청소를 하는 것도 아니고, 목적 없이 동네를 돌아다니는 것도 하루이틀이다. 고풍스럽고 이국적으로 보이던 건물도 일주일만 지나면 그냥 동네 건물들 중 하나일 뿐 새롭지 않다. 눈부신 하늘과 바다 사진도 매일 찍다 보면 같은 날 찍었나 싶을 정도로 똑같다. 집에서 혼자 BBC 뉴스를 틀어놓고, 책도 읽었지만 그것도 오래가지 못했다. 가족들에게 전화라도 해볼까 하고 전화기를 들면 한국은 한참 잘 시간이다. 영국에 온 지 2주쯤 지나자 처음에는 좋았던 여유로움이 슬슬 지루함으로 변했다. 뭔가 규칙적이고 정해진 일과가 필요했다.

도서관에 책을 반납하러 간 날이었다. 습관적으로 게시판이나 벽보를

○ 도서관 게시판에는 모든 정보가 있다

○ 따뜻한 분위기의 스튜디오

읽으면서 다니는 편이라 그날도 어김없이 도서관 입구 게시판을 꼼꼼히 살펴보고 있었다. 거기에서 눈에 띈 광고 하나를 읽어 보니 미술 수업 광고였다. 카페에서 Painting과 Drawing을 2시간 동안 가르쳐 주며 커피와 케이크까지 제공한다니! 나는 학창 시절에 미술을 참 못했다. 선생님이 가르쳐주는 대로 정말 열심히 최선을 다해 그렸지만 결과물은 늘 참담했다. 지금도 아이들이 그림을 그려달라고 하면 어찌할 바를 모른다. '그리기 어려운 엄마를 위한 그림책' 같은 것을 보고 그려봐도, 정체불명의 할 말을 잃게 만드는 그림을 그리는 아주 서툰 손을 가졌다. 나무 하나를 그리더라도 나무가 '나는 그림을 아주 못 그리는 사람이 그린 나무입니다.'라고 말하는 것 같다. 그래서 그림을 그려야 할 상황이면 연필만 잡아도 주눅이 들었다. 이런 내가 그림을 그릴 수 있을지 걱정이 되었지만, 그래도 미술관에서 작품 보는 것을 좋아하고 그림을 못 그리면 영어라도 배우겠지 싶어 메일을 보냈다.

"저는 미술이라고는 배워본 적도 없는 데다, 외국인입니다. 그래도 배울 수 있을까요?"

답변은 예상보다 금방 왔다.

"당연하죠! 저는 완전 초보를 가르친 경험이 많습니다."

그렇게 매주 월요일 오후마다 따뜻한 분위기의 한 카페에서 미술을

○ 커피와 함께하는 미술 수업

○ 다른 사람들의 작품을 비교해보는 것도 큰 즐거움이다

배우기 시작했다. 카페에 들어가서 미술을 배우러 왔다고 말하니, 안쪽 지하로 내려가라고 했다. 삐걱거리는 나무 계단을 밟으며 아래로 내려가 보니 은은한 노란 조명이 곳곳에 달린 작은 스튜디오가 있었다. 먼저 온 수강생들은 이미 자신의 작품에 몰두해 있었다. 흰색과 회색이 멋지게 섞인 머리색을 가지고 있었던 중년의 남자 선생님은 내 이름을 기억하고 주위 사람들에게 나를 소개해줬다. 수강생은 나를 포함해서 5명이었는데, 모두 나이가 지긋한 분들이었다. 스튜디오 이곳저곳에 작은 조명 아래 물건들이 놓여 있었다. 냄비와 파프리카, 과일이 담긴 유리병, 사기주전자와 물병 그리고 그 앞에는 종이와 연필이 놓여 있었다. 어디 앉을지 몰라 쭈뼛거리고 서 있으니 자리를 안내해주었다.

첫 과제는 주전자와 물병 그리기였다. 선 긋기부터 시작할 줄 알았는데 사물을 보고 바로 그려보라니 당황스러웠다. 어찌할 바를 몰라 종이와 주전자만 이리저리 번갈아 보고 있는데 선생님이 다가와 친절하게 말을 걸었다.

"가장 중요한 것은 사물 간의 관계입니다. 이 물건들이 서로 어느 위치에 어떤 관계로 놓여 있는지 생각해보세요. 우선 손잡이나 뚜껑, 무늬는 보지 말고 전체적인 윤곽을 잡아보세요. 정확하게 그리지 않아도 됩니다. 그림은 사진이 아니거든요."

그림을 그릴 때 사물 간의 관계를 생각하는 것! 그 관계를 어떻게 생각해야 하는지는 정확하게 모르겠지만, 백지에 점 하나도 못 찍고 있던 나에게 한줄기 빛 같은 말이었다. 뭔지 모르겠지만 느낌이 왔다. 명암 넣는 법을 설명할 때도 그랬다. 명확하진 않지만 선생님의 의도가 뭔지 알 것 같았다.

"명암은 단순히 밝고 그늘진 것만 있는 게 아닙니다. 다른 색깔의 조각들이 하나의 사물에 모였다고 생각해보세요. 어두운 색과 약간 어두운 색, 더 어두운 색이 모인 거죠."

선생님의 말이 빨라서 못 알아들었다고 하면, 다시 천천히 쉬운 단어로 말해주었다. 화가들이 한쪽 눈을 감고, 연필로 사물을 재는 방법도 가르쳐주었다. 그리고 다양한 굵기의 연필을 가져와 명암을 넣을 때 느낌을 비교하게 했다. 나처럼 초보인 수강생은 여러 시간에 걸쳐 한 작품을 완성하는 게 아니라, 매시간 다른 사물과 도구로 연습을 했다. 오늘 동그란 주전자를 그렸다면 다음에는 명암이 확실한 커피포트, 그다음엔 여러 종류와 색을 가진 호박들을 그렸다. 그림을 그리면서 사물들이 각자 다른 크기와 부피와 결을 가지고 있는 것이 새삼 눈에 보였다. 어떤 날은 일반 연필로, 어떤 날은 뭉툭한 초크로, 또 어떤 날엔 펜이나 붓으로, 질감이 다른 종이에 다른 도구로 그리는 느낌은 매번 다르고 새로웠다. 한 작품을 마치면 스튜디오 곳곳에 두고 감상하는 시간도 가졌다. 모두 같은 사물을 보고 그렸지만, 각자 다른 각도에서 자신의 느낌으로 표현하는 것이 신기하고 재밌었다.

2시쯤 갖는 브레이크 티타임도 참 좋았다. 카페에서 매 수업 때마다 다양한 케이크와 차를 준비했는데, 수강생들과 함께 마시면서 서로의 작품에 대해 이야기를 나누는 시간이기도 했다. 영국에 오기 전에는 케이크를 좋아하지 않아 생일 케이크조차 거의 먹지 않았는데, 매주 수강생들과 함께하는 커피와 케이크는 정말 맛있었다. 영국의 다양한 케이크의 맛에 흠뻑 빠졌다. 케이크라고는 생크림과 초코 케이크만 알고 있었는데, 당근, 크럼블, 바나나, 오렌지, 아보카도 케이크 등 다양한 디저트를 맛볼 수 있었다. 매주 월요일은 작은 티타임과 전시회를 하는 느낌이었다. 영국에서 사는 동안 10번의 미술 수업을 받았다. 그림 실력이 일취월장하진 않았지만, 사물을 보는 눈과 작품을 보는 느낌은 조금 생긴 것 같다. 풍요롭고 힐링이 되는 시간이었다.

중고 가게에서 자원봉사를

우리가 머물던 지역의 타운에는 중고 가게가 많았다. 가게 입구의 통유리 너머에 마네킹이 말끔하게 옷을 입은 채 서 있고, 옆에 그릇도 예쁘게 진열되어 있어서 처음에는 중고 가게인줄 모르고, 일반 잡화점인 줄 알았다. 중고 가게라고 해서 옷들을 그냥 쌓아둔 것이 아니라 사이즈별, 상하의별, 성별로 구분해서 잘 정리된 채 옷걸이에 걸려 있다. 장난감들도 조각 하나 빠진 것 없이 상자에 잘 담겨 있고, 찻잔 세트도 새것이 아닌가 싶을 정도로 깨끗한 상태로 진열되어 있었다. 간판에는 모두 후원하는 단체의 이름이 적혀 있었다. 아동들을 돕거나 동물을 보호하는 단체, 앰뷸런스나 헬기 같은 긴급 구조를 지원하는 단체, 저소득층 가정이나 난민을 도와주는 단체 등 다양한 단체의 가게들이 타운에만 열 군데는 족히 넘는 듯했다. 돌아다니면서 구경하고 쓸 만한 물건을 찾아 한두 개 사는 재미도 쏠쏠했다. 무려 구두는 5파운드, 스카프는 2파운드, 운동화는 3파운드에 샀으니 가격도 참 착하다. 『나니아 연대기』 시리즈 6권도 모두 합쳐 3파운드에 샀다. 싸다고 굳이 필요하지 않은 것까지 살 때도 있었지만, 내 소비가 좋은 곳에 쓰인다는 생각에 오히려 뿌듯했다.

아이 축구화를 사려고 돌아다니던 어느 날, 한 가게 앞에 '자원봉사 모집'이라는 공고가 붙어있었다. '자원봉사? 보수를 받고 하는 일이 아니니까 괜찮겠지? 난 시간도 많고 영어도 배울 겸 한번 해볼까?'하는 마음으로 가게에 들어갔다. 선뜻 말을 꺼내지 못하고 이것저것 물건을 보는 척하다가 손님들이 거의 없을 때 매니저로 보이는 직원에게 다가갔다.

"저기, 자원봉사를 구하는 것 같은데 제가 할 수 있을까요?"

"오! 좋아요. 가게에서 일하거나 다른 곳에서 자원봉사를 해본 적이 있나요?"

"아니요. 전혀 없어요."

"괜찮아요. 크게 어려울 것은 없으니."

"그런데 제가 영어를 그렇게 잘하지 못해요. 상대방이 천천히, 분명하게 말해주면 거의 이해하기는 하는데 계산대에서는 도움이 안 될 수도 있어요. 가게 정리하고 물건 옮기는 것은 할 수 있어요."

"영어 실력은 중요하지 않아요. 여기 신청서 있으니 작성해서 다음 주에 봅시다."

마치 일자리를 구한 것처럼 기뻤다. 뭔가 정기적으로 할 일이 생겼다는 것이 일상에 소소한 활력이 되었다. 그렇게 매주 화요일 오전에 2시

○ 마을에 있는 중고 가게들. 얼핏 보면 일반 가게와 차이가 없다

간 동안 생애 첫 봉사를 시작했다. 내가 처음에 한 일은 기부 받은 옷의 사이즈를 확인하고 라벨을 붙인 다음, 사이즈에 맞는 옷걸이에 걸어놓는 것이었다. 단순한 일인 것 같지만, 기부물품이 수시로 들어오는 가게에서는 빨리 정리해야 했다. 봉사자가 부족한 가게는 매니저 두 사람이 번갈아가며 하루 종일 물건 정리와 계산을 한다고 한다. 내가 일하게 된 곳은 큰길 옆이라 지나다니는 사람들이 많아 물건도 잘 팔리고, 다른 곳에 비해 봉사자들도 여러 명 있었다. 라벨을 옷걸이에 하나씩 걸면서 공간을 채울 때마다 희열이 느껴졌다. 일주일에 두세 박스는 나의 할당량이라고 혼자 생각하는 게 조금 웃기기도 했지만 내가 작업한 옷들이 매장에 진열되고, 팔리기까지 하자 괜히 뿌듯했다. 집에서 오랫동안 아이만 키우다 보니 집안일에 익숙해지고, 이유 없이 혼자 우울하거나 무기력해진 적도 많았다. 단순한 일이었지만, 정기적으로 집 밖으로 나가서 무언가를 한다는 것이 소중하고 보람 있었다. 나중에는 은행에서 잔돈을 바꿔오거나 물건 재고 확인하기, 오래된 물건을 처분하기 등 좀 더 집중력이 필요한 일까지 하게 되자 인정받는 느낌도 들었다.

일하는 날과 시간이 정해져 있어서 봉사하는 시간에 만나는 사람은 늘 같았다. 처음에는 어색하기도 하고, 괜히 이야기를 했다가는 빨리 받아치지도 못할 것 같아 인사만 하고 얼른 들어가 바쁜 척 일만 했다. 영어로 대화를 나누다가 상대방이 "뭐라고?(sorry? pardon?)"라고 되물으면 너무 당황스러웠다. 사실 영국인끼리도 대화를 나누다가 제대로 듣지 못해서 자주 하는 말인데도 나는 상대방이 그런 반응을 보이면 괜히 주눅이 들었다. 내 발음이 이상한가, 문법이 틀렸나 하고 혼자 자책했다.

하지만 매주 얼굴을 보며 서로 커피를 타주기도 하고 모르는 것을 물어보면서 눈치도 생기고, 영국식 발음에 조금씩 익숙해졌다. 그들 역시 나의 영어 발음과 수준을 알아챘는지 쉬운 단어로 얘기해주었다. 대화를 나누면서 그들이 쓰던 표현이나 반응을 생각해뒀다가 집에서 다시 찾아보기도 했다. 중고 가게에서의 자원봉사는 영어뿐 아니라 영국 사람들의 문화도 배울 수 있던 시간이었다.

"여기 와서 가장 놀란 것이 중고 가게가 일반 가게만큼 많은 거예요. 다른 지역도 그런가요?(자연스럽게 대화를 시도해본다)"

"정확한 개수는 모르지만, 다른 지역에도 많아요. 여긴 많은 것도 아니에요. 동네가 작아서."

"처음에는 모두 일반 가게인 줄 알았어요. 물건도 정말 깨끗하고 가격도 저렴해서 놀랐어요. 참 좋은 시스템 같아요. 안 쓰는 물건은 기부하고, 사는 사람은 저렴하게 사서 재활용되니 환경에도 도움이 되고요."

"재활용이요? 음…."

"앗, 그렇죠. 재활용은 아니죠. 물건들이 쓰레기는 아니니까(단어 선택을 잘못해서 급 당황했다. 의도는 그게 아니었는데…). 제 말은 좋은 시스템 같다는 거에요. 물건을 사고파는 사람들에게 모두 도움이 되는 것 같아요."

"반스터플(Barnstaple) 가 봤어요? 거긴 더 크고 물건이 많은 중고 가게들이 많아요. 맛있는 카페도 많으니 시간 되면 가 봐요. 그리 멀지 않아요."

"그렇군요. 한번 가 봐야겠어요."

○ 내가 할 일은 물건에 라벨 달기와 가게 정리였다

영국의 다른 도시들을 다니면서 영국 전역에 중고 가게가 아주 많이 있다는 사실을 알게 되었다. 중고 가게뿐 아니라 오래된 주화나 제복, 심지어 털이 다 빠진 인형들을 파는 빈티지 가게도 많았다. 저런 것을 사가는 사람이 있긴 할까 싶은데 오가며 사는 사람들이 제법 많다. 오히려 일반 상점보다도 많은 것 같았다. 영국 사람들은 유행에 민감하지 않고 물건이나 옷을 오래 사용하고, 중고 물품을 사는 데 크게 거부감이 없다. 100년도 넘은 건물을 다 부수고 새로 짓지 않고 부분적으로 수리해가면서 유지하는 모습만 봐도 영국인들이 새로운 변화보다는 오래된 것을 고치며 사는 것에 익숙하다는 것을 알 수 있다. 솔직히 나는 모르는 사람이 사용했던 그릇이나 남이 입었던 옷을 돈 주고 사는 게 익숙하지 않다. 집에 물건이 쌓이는 것을 싫어해서 정리할 때마다 필요하지 않은 것은 깨끗해도 그냥 버리기도 한다. 그런데 영국 사람들은 잘 버리지도 않을뿐더러 정리해야 하는 물건들은 중고 가게에 기부하거나 집에서 벼룩시장을 연다. 나라면 기부하기도 민망해서 버렸을 것 같은 오래된 물건들도 말이다. 나도 모르게 '재활용'이라는 단어가 나왔던 이유도 아마 이 때문인 것 같다. 내가 더 이상 쓰지 않고 버려야 하는 물건들이라는 생각. 그런데 영국인들은 그런 물건들을 기부하고 또 구입한다. 돈이 많고 적음을 떠나 중고 쇼핑에 익숙하다.

자원봉사를 하면서 내 소비 습관에 대한 반성을 많이 했다. 유행이 지나면 버리는 옷들, 미니멀 라이프를 시작한다고 버리는 멀쩡한 물건들과 정리해보자고 또 사는 생활용품과 수납상자, 해마다 유행하는 그릇과 생활 가전, 습관처럼 가는 대형마트, 살 게 없어도 훑어보게 되는 온라인 쇼핑과 TV 홈쇼핑까지. 참 많이 사고 또 버린다. 한국에도 집 근처에 중고 가게가 몇 군데 있었던 것 같은데 가 볼까 생각조차 한 적이 없었다. 필요한 것이 있으면 자연스레 마트로 향했다. 그런데 영국에 있다 보니 중고 가게부터 들르게 된다. 가을 점퍼, 일인용 티포트, 사진 액자까지 모두 2파운드 내로 구입했다. 고민하다가 다음에 오면 그 물건이 없을 정도로 물건이 자주 빠지고 들어온다. 영국 물가가 비싸긴 하지만, 중고 가게들만 다니다 보니 살 만하다는 생각도 들었다.

자원봉사는 비록 단순 작업이었지만, 무척 즐거운 경험이었다. 소비와 물건의 가치에 대해 다시 한 번 되돌아보는 시간이기도 했다. 단골손님들과 인사를 나누고, 같이 일하는 사람들과 대화를 나누면서 짧지만 지역사회의 일원이 된 것 같았다. 영국에서 문화 체험을 톡톡히 한 셈이다.

02

영국에서 학교 다니기

PREP SCHOOL

KINGSLEY
NURSERY | PRE-SCHOOL | PREP SCHOOL
SENIOR SCHOOL | SIXTH FORM

학교는
어떻게 정할까?

처음부터 아이들을 영국 현지 학교에 입학시킬 계획은 아니었다. 남편이 베트남 근무를 마치고 한국에 돌아갈 즈음이 마침 여름방학 기간이었고, 귀국해서 아이들이 학교에 들어가기 전에 영미권에서 영어를 비롯한 다양한 체험을 시키고 싶었다. 그래서 먼저 캐나다와 호주 쪽으로 캠프를 알아봤다. 사설캠프는 물론 지역에서 운영하는 캠프들도 많았지만, 가격이 만만치 않았다. 항공료와 캠프비용, 캠프기간 동안의 체류비용과 생활비까지 합치면 2~3주를 머물며 지출해야 할 비용이 컸다.

그러다가 외국 학교의 학비를 우연히 알게 되었는데, 캠프비용이 한 학기 등록금과 거의 차이가 나지 않는 것을 보고 적극적으로 학교를 알아보기 시작했다. 한 달 이내의 여름 캠프로 시작한 계획이 영국살이로 바뀐 순간이었다. 따져보면 좀 어이없는 셈법이긴 하다. 아무리 캠프비용이 비싸다고 해도 외국에서 네 달 동안 생활하는 비용이 훨씬 많이 든다. 남편을 설득하기 위한 나의 합리화이기도 했다. "이것 봐. 캠프 3주 비용이 백만 원인데, 학교에 네 달 다니면 삼백만 원이야. 백만 원 이상 이익인 거지." 참 웃긴 논리이다. 따지고 보면 백만 원 쓸 걸 이백만 원을 더 쓰는 것인데 말이다(사실 비용을 가장 줄이는 방법은 아예 돈을 쓰지 않는 것이다). 그렇지만 늘 나만의 셈법으로 실행에 옮긴다.

그렇게 캠프는 접어두고 적극적으로 학교를 알아보기 시작했다. 먼저 친구가 살고 있는 호주를 알아봤다. 친구에게 신세를 질 생각은 아니었지만, 마음으로나마 의지가 될 것 같아 친구가 사는 지역 주변의 학교를 알아봤다. 동시에 십여 년 전에 한 달 정도 여행한 적이 있어 호감이 있던 캐나다에 대해서도 정보를 모았다. 미국은 비자 문제가 까다로울 것 같아 겁을 먹고 리스트에 넣지 않았다. 그러던 중 영국도 파운드 가치가 많이 낮아져 비용 면에서 괜찮다는 정보를 발견했다. 유럽이 가까워 방학 때 다른 나라로 여행을 할 수 있다는 것도 큰 장점이었다. 그래서 호주, 캐나다, 영국에 대해 구체적으로 알아보기 시작했다.

지인들은 왜 공립이 아닌 사립학교를 선택했는지 묻곤 했는데, 내 상황으로는 어느 나라든 공립학교를 보낼 수 없었다. 당연히 가격이 훨씬 저렴한 공립학교에 보내고 싶었지만, 일반적으로 보호자가 석사 과정 중이거나 취업을 하지 않으면 자녀를 공립학교에 보낼 수 없다(캐나다는 주마다 다르다고 한다). 보호자가 학생비자나 취업비자가 있어야 자녀가 공립학교에 갈 수 있다. 게다가 거주지가 정해져야 그 지역의 학교에 배정이 되기 때문에 나처럼 몇 달 지내는 것만으로는 아이들을 공립학교에 보낼 수도 없었다. 반면, 사립학교는 거주 지역 제한도 없고 부모가 현지에서 일을 하든 안 하든 상관없다. 학비만 지불하면 되므로 절차가 간단했다.

현지에 가서 직접 학교를 알아볼 수 없어서 홈페이지를 통해서 학교 분위기를 파악했다. 현지에 살고 있는 엄마들이 많은 온라인 커뮤니티를 통해 학교를 구체적으로 알아본 것도 도움이 됐다. 꼭 그곳에 거주하지 않더라도 현지에 유학을 보내고자 문의하는 글을 심심치 않게 볼 수 있었고, 개인적으로 쪽지를 보내서 정보를 좀 더 얻을 수 있었다. 결정적으로 커뮤니티에서 구체적인 학교 정보를 얻었고, 그중에서 학교를 선택했다. 학교를 선택할 때 일단 대도시는 제외했다. 조금이라도 생활비를 아끼고 싶었기 때문이다. 우리나라도 마찬가지지만, 외국도 대도시와 소도시 간에 물가 차이가 있다고 한다. 두 번째로 기숙학교(보딩스쿨)를 운영하는 학교 중 동양인의 비율이 낮은 학교를 알아봤다. 중소도시에 있는 작은 학교들이 동양인 비율도 낮았다. 명문 학교인지는 전혀 중요하지 않았다. 아이들이 공부를 많이 해야 할 나이도 아니고, 완전히 영어에 익숙해질 만한 환경에서 즐겁고 안전하게 다니는 게 목표였기 때문이다. 기숙학교 여부를 알아본 이유는 각 나라에서 온 유학생이 있다면 다른 문화에 대한 이해나 배려가 있을 것이라는 기대 때문이었다. 영미권 중소도시, 기숙학교를 운영하는 곳. 이것이 나의 학교 선정 기준이었다.

사립학교 여섯 군데 정도를 정한 후에 입학 담당자에게 메일을 보냈다. 아이들의 영어 수준과 그 학교에 입학하려는 이유에 대해 구구절절 적긴 했는데, 가장 중요한 것은 한 학기 정도의 단기 학생을 받아줄 수 있는지에 대한 것이었다. 문의한 학교들 모두 이틀 만에 답변이 왔는데, 대부분 단기 학생을 받아줄 수 없다고 했다. 영국과 호주의 두 군데 학교에서 아이들의 성적과 재학증명서를 보내주면 긍정적으로 검토하겠다는 답변을 받았다. 답변을 보내준 학교들과 주위 인프라, 분위기 등을 고려한 후, 최종적으로 영국으로 가기로 결정했다. 학교를 알아보면서 느낀 점은 외국은 메일로 의사소통을 하는 것이 참 잘되어 있다는 것이다. 주말을 제외하고는 담당자의 답변을 금방 받을 수 있어서 입학 준비가 수월했다. 한국은 주로 전화로 통화해야 하는 데다 담당 교사가 수업이 있으면 관련 사항을 실시간으로 물어보기 어려운 편인데 말이다.

8월쯤 학교에 입학금과 등록금을 보낸 후, 공식적인 입학허가서를 받았다. 런던에서 200마일 정도 떨어진 시골 마을의 작은 학교였지만, 한국 인프라가 없어도 잘 지낼 수 있다는 자신감과 아이들의 영어 실력에 대한 믿음으로 결정했다. 결과적으로는 별일 없이 잘 지내다가 왔지만, 외국에서의 거주 경험이 아예 없었거나 아이들이 영어를 잘하지 못했다면 힘들었을 것이다. 성인은 상대방이 외국어를 잘하지 못해도 기다려주거나 천천히 설명해줄 수 있지만, 아이들은 그렇지 않다. 언어가 서툰 아이를 의도적으로 따돌리지는 않더라도 장난을 걸거나 놀이에 끼워주지 않는다. 두 아이의 경험상 무조건 영어 환경에 던져놓는다고 해서 단기간에 영어 실력이 늘지 않는다는 것을 알게 되었다. 첫째는 다섯 돌(한국 나이로는 6살이었다)이 갓 지나고 베트남에서 국제 학교를 다니기 시작했는데, 영어로 자기의 생각과 의견을 유창하게 말하는 데 일 년 이상 걸렸다. 갑자기 가족이 외국으로 가는 경우는 준비 없이 그 환경에 던져

질 수밖에 없지만, 어학능력의 향상만을 목적으로 단기 캠프나 1년 미만으로 떠나는 외국 유학은 크게 도움이 되지 않는다. 동기 부여와 다양한 경험을 목적으로만 한다면 상관없지만 아이가 받는 스트레스도 생각해봐야 할 것 같다.

조금은 낯선 영국의 학제와 교칙

2018년 9월 새 학기에 한국 나이로 10살인 첫째는 Year 4, 6살인 작은아이는 Year 1 과정으로 현지 학교생활을 시작했다. 학령 기준이 3월 1일(요즘은 1월 1일)인 한국과 달리 영국은 9월 1일자 기준이다. 같은 2009년생이라도 생일이 1월부터 8월 31일까지면 Year 5, 9월부터 12월까지가 생일이면 Year 4인 것이다. 한국 나이를 기준으로 보면 한 살 적은 아이나, 한 살 많은 아이와 같은 학년이 될 수 있다.

영국의 학제는 초등교육과정이 6년, 우리나라 중등과 고등 교과를 합친 과정인 중등교육과정이 5년이며 Year 11까지가 의무교육이다. 중등교육과정과 대학과정 사이에 대학준비 과정(Sixth Form) 또는 직업교육과정(Further Education College)인 후기 중등과정이 2년 있는데, 이를 포함하면 13학년까지 있는 셈이다. 처음 학교를 방문했을 때 한 건물 앞에 식스폼(Sixth Form)이라고 적혀 있어서 특별 목적실 정도로 생각했는데

12학년, 13학년 건물이었던 것 같다. 흔히 대학으로 알고 있는 단어인 칼리지(college)는 영국에서 고등학교 과정이다. 의무 교육과정인 11학년이 끝나면 학생들은 영국의 중등교육자격시험인 GCSE(General Certificate of Secondary Education)를 보게 된다. 일종의 국가교육과정 수료증이나 의무교육 졸업장 같은 것이다. 고등학교 진학 후 학생들은 영국대학시험인 A level을 준비하는데, 목표 대학에 따라 3과목에서 5과목 정도 선택해서 공부한다.

초등교육과정 (Primary)	Year 1	만 5세(한국 나이로 6~7세)
	Year 2	만 6세(한국 나이로 7~8세)
	Year 3	만 7세(한국 나이로 8~9세)
	Year 4	만 8세(한국 나이로 9~10세)
	Year 5	만 9세(한국 나이로 10~11세)
	Year 6	만 10세(한국 나이로 11~12세)
중등교육과정 (Secondary)	Year 7	만 11세(한국 나이로 12~13세)
	Year 8	만 12세(한국 나이로 13~14세)
	Year 9	만 13세(한국 나이로 14~15세)
	Year 10	만 14세(한국 나이로 15~16세)
	Year 11	만 15세(한국 나이로 16~17세)
후기 중등교육과정 (Sixth Form or College)	Year 12	만 16세(한국 나이로 17~18세)
	Year 13	만 17세(한국 나이로 18~19세)
대학과정 (University)	학사(3년)	
	석사(1년)	

– 주영한국교육원 참고

영국의 학교는 크게 네 가지로 구분할 수 있다. 그래머 스쿨(Grammar School)과 스테이트 스쿨(State School)은 공립학교고, 프라이빗 스쿨(Private

School)과 퍼블릭 스쿨(Public School)은 사립학교다. 처음엔 퍼블릭 스쿨이 당연히 공립학교인 줄 알았는데 영국에서는 프라이빗 스쿨보다 더 학비가 비싸고 이미지가 고급스러운 사립학교라는 사실을 알고 당황했다.

한국은 1년이 1, 2학기로 나눠져 있지만 영국은 3학기가 1년 과정이다. 학교마다 날짜가 약간 차이가 있지만, 가을 학기(9~12월), 봄 학기(1~3월), 여름 학기(4~6월)로 나눠져 있으며 새 학기는 가을 학기인 9월에 시작된다. 학기 중간에는 1주에서 2주 정도 단기방학(term break)이 있다(영국은 학기를 텀(term)이라고 표현한다). 영국 학교를 최종적으로 결정하게 된 이유는 학년과 학기제 때문이었다. 첫째 아이가 베트남의 영국계 국제학교에서 Year 3 과정까지 마쳐서 커리큘럼이 연속되기도 했고, 12월까지 한 학기를 마친 후에 한국으로 돌아가서 3월에 새 학기를 맞이하는 것이 좋을 것 같았다. 처음부터 아이들을 학교에 보내는 것을 전제로 알아봤다면 많은 고민 없이 바로 영국을 선택했을 것이다. 영미권 캠프를 알아보다가 갑작스레 학교에 보내기로 결정한 것이어서 그동안 컴퓨터 앞에서 눈이 빠지도록 정보를 검색하며 보낸 날들이 떠올라 괜히 허무해졌다. 그래도 그 덕에 아이들이 단기 캠프보다 더 많은 경험을 했을 것이라 위안해본다. 상황이 된다면 2~3주 동안의 단기 캠프보다는 짧게나마 현지 학교 정규과정을 다녀볼 만하다는 생각이 들었다.

영국 학교는 교칙이 엄격하다. 특히 교복 지도는 거의 20년도 넘은, 내가 고등학교에 다닐 때의 수준만큼 강력했다. 교복 자체도 불편하다. 6살이 되어 이제 겨우 단추를 스스로 채울 수 있게 된 작은아이도 재킷과 셔츠, 후크가 달린 교복 바지를 입어야 했다. Year 4 과정으로 학교에

○ 아이들이 지냈던 교실

다니게 된 첫째는 넥타이를 착용해야 했는데, 나도 맬 줄 몰라서 '사회 초년생을 위한 넥타이 매는 법'을 알려주는 동영상을 아이와 함께 보면서 연습시켰다. 양말은 흰색이나 검은색을 신어야 하고, 교복을 입을 때는 검정 구두를 신어야 한다. 체육 수업이 있는 날에는 체육복과 운동화를 미리 착용하지 말고, 반드시 가방에 넣어서 가야 한다. 이러한 엄격한 교칙은 베트남에서 처음 영국계 학교를 보냈을 때 한 차례 겪었던 터라 어느 정도 마음의 준비를 하고 있긴 했다. 베트남의 영국계 학교 역시 교장 선생님이 직접 교문 앞에서 등교 지도를 하면서 복장 규정을 어기는 학생의 부모에게는 메일을 보낼 정도였다.

아이도 나도 이미 엄격한 규정에 익숙해져 있어서 각오는 했지만, 한 친구가 수영 수업에 검은색이 아닌 다른 색깔 수영모를 가져와서 주의를 받았다는 이야기를 들었을 때는 정말 황당했다. 아이 얘기로는 선생님께서 앞으로 검은색 수영모를 가져오지 않으면 수영 수업을 할 수 없다고 했단다. 그깟 수영모 색깔이 뭐라고. 비가 오는 날에도 우산을 가져가면 안 되고 검은색 바람막이 점퍼만 가능하다. 영국은 한국처럼 옷이 다 젖을 정도로 비가 내리지 않고, 비가 오더라도 우산을 쓰는 사람도 거의 없긴 하지만 굳이 우산을 금지할 필요가 있을까 싶었다. 혹시나 해서 상담 때 선생님에게 물어보니, 우산을 들고 다니면 아이들이 다칠 수 있고 보관하기가 마땅치 않기 때문이라고 했다. 그리고 비가 오더라도 아이들은 점퍼만으로 충분하다는 것이다. 엘사를 좋아하는 작은아이는 한국에서 특별히 가져온 엘사 우산을 학교에 가져가지 못하는 것을 못내 아쉬워했다.

처음에는 사립학교라서 유난히 교칙이 엄격한가 보다 했는데, 영어과외 선생님의 이야기를 들으니 공립학교 역시 초등학교 1학년부터 교복을 입고, 무채색의 양말과 신발을 신어야 한다고 한다. 아이들의 복장뿐 아니라 교사들의 복장도 보수적인 편이다. 소매가 없고, 어깨가 드러나는 옷은 물론 청바지도 입지 못한다. 한국보다 더 엄격한 듯하다.

"복장 규제에 반발하는 아이들은 없어요?"
"있죠. 특히 십대들이요. 나도 학교 다닐 때 머리를 핑크색으로 염색해서 엄마와 함께 교장실로 불려간 적이 있어요."
"그럼 어떻게 되나요?"
"교장 선생님한테 혼나고 나서 다시 원래대로 염색했죠. 영국은 보수적이에요."

내가 생각하는 영국은 자유와 인류애로 가득 찬 나라였는데, 머리를 염색했다는 이유로 엄마와 같이 교장실에 불려갔다니 놀라웠다. 한국도 요즘 학생들의 두발 완전 자유화를 검토하고 있는데 말이다. 간혹 버스 정류장에서 교복을 입고 담배 피우는 남학생들도 까만 구두와 까만 양말은 단정하게 신고 있어 웃음이 났다. 학교 로고가 새겨진 단정한 교복을 입고 담배를 피우는 당당한 모습이라니. 답답하고 융통성 없어 보이는 복장 규제와 그것을 잘 지키는 부모와 아이들을 보니 놀랍기도 하고 대단해 보였다.

○ 셔틀버스를 기다리는 아이들

교복은
마트에서 사자

입학이 확정되고 9월이 되자, 학교에서 입학 준비와 관련된 메일들이 쏟아졌다. 그중에서 제일 급한 것은 바로 교복 준비다. 개학 날 바로 갖춰 입고 가야 하기 때문에 미리 준비해야 한다. 다행히 학교 내 교복 가게는 개학 이틀 전 오전에 연다는 메일이 왔다. 남학생들의 교복 구성은 재킷, 셔츠, 카디건, 바지, 까만 구두고, Year 3 이상은 넥타이까지 착용해야 한다. 여기에 학교 체육복과 후드도 필요하다.

우리 아이들은 한 학기만 다닐 계획이었기에 모든 것을 새것으로 마련하려고 하니 비용이 만만치 않았다. 혹시 중고로 구입하는 방법이 있는지 학교 측에 문의했더니 중고 교복은 없지만, 올해 교복이 바뀌면서 예전 교복의 재고가 있으니 창고에서 사이즈를 찾아보라고 했다. 셔츠와 바지는 마트에서 사는 게 저렴하다는 팁과 함께! 학교 로고가 있는 재킷과 카디건, 체육복, 후드는 학교에서 중고로 구입하고 나서 알려준

대로 대형마트로 갔다. 스쿨 유니폼 코너가 따로 있었다. 나중에 안 일이지만 대부분의 영국 교복들이 검은색 하의에 흰색 셔츠였다. 무채색 양말과 검은색 신발은 물론 비 올 때 입는 검은색 방수 점퍼도 판매하고 있었다.

교복을 구입하면서 영국의 교복 판매 시스템이 합리적이라는 생각이 들었다. 한국은 같은 학교 교복이라도 브랜드마다 재질과 가격 차이가 있다. 같은 교복인데도 아이들은 어느 브랜드인지 비교를 한다. 교복 셔츠도 일반 셔츠와 재질 차이가 없는데도 교복이라는 이유로 비싸다. 예전에는 교복을 3년 동안 입을 생각으로 입학할 때 품과 길이를 넉넉하게 해서 맞췄지만, 요즘 아이들은 몸에 딱 맞게 입으려고 한다. 그래서 학년이 올라가면 작아진 옷에 억지로 몸을 구겨 넣고 다니는 꼴이 된다. 부모는 비싼 교복을 또 사기가 부담스러워 조금만 참으라고 하고, 학교에서는 교복을 짧게 입고 다니지 말라고 아이들을 다그친다. 한국도 영국처럼 학교 로고가 있는 기본 재킷과 체육복 정도만 학교에서 판매하고, 기본 셔츠나 바지는 일반 가게에서 구매할 수 있으면 좋겠다는 생각이 들었다. 학생들이 성장하면서 부담 없이 새로 구입할 수 있도록 말이다.

개학 며칠 후 학교에서 메일이 왔다. 올해 바뀐 교복 재킷에 예전의 하늘색 셔츠를 입히거나, 예전 교복 재킷에 올해의 흰색 셔츠를 입혀 보내지 말라고 했다. 역시 엄격하다. 아무 생각 없이 흰색 셔츠를 입혀 보냈더니, 바로 우리 아이들이 예전 교복과 새로운 교복을 섞어 입고 다니는 복장 불량 학생이 된 것이다. 마트에 갔더니 하늘색 셔츠가 없어서,

급하게 아마존에서 'school blue shirts for boys'라고 검색해 보니 사이즈별, 가격별로 다양하게 판매하고 있었다. 이렇게 영국 교복은 마트와 온라인 쇼핑몰에서 구입할 수 있다. 더 좋은 것은 학기가 끝날 때 마을의 중고 가게마다 작아진 교복 기부가 많아진다는 사실이다. 그래서 만 원도 안 되는 돈으로 셔츠와 교복 바지를 구입할 수 있다.

학교에서 개인 레슨 받기

한국의 중고등학교는 공립과 사립의 구분이 뚜렷하지 않다. 특수목적학교를 제외하고, 평준화 지역에서는 거주지에 따라 중고등학교가 배정된다. 사립학교지만 국가 재정 지원을 받는다. 이에 비해 영국의 사립학교는 국가로부터 전혀 지원을 받지 않고, 오직 학생들의 등록금으로만 운영되기 때문에 학생 유치가 중요하다. 그래서 신문이나 잡지, 버스 정류장에서 흔히 사립학교 광고를 볼 수 있다. 학생 유치를 위해 홍보도 적극적으로 하고, 다른 지역 학생들을 위해 기숙사를 제공하기도 한다. 보호자가 필요한 외국 학생의 경우는 학교가 직접 보호자가 되어준다.

우리 아이들이 다녔던 학교는 학비가 세 종류였다. 정규 수업 이외의 개인 수업을 원할 경우, 시간이나 횟수에 따라 학비가 비싸진다. 소위 한국의 보충 수업비와 비슷하면서도 학교에서 이뤄지는 개인 과외비 같은 느낌이었다. 정규 음악 수업 외에 악기를 배우는 수업도 있었다. 순회 수업(Peripatetic class)이라고 하는데, 한국으로 치면 정식 음악 교사가 아닌 강사가 여러 학교를 돌아다니며 개인 레슨을 하는 것이다. 미리 악기와 교사를 선택할 수 있도록 학교에서 안내 메일을 보내주었다. 시간은 점심시간 중 30분 정도였다. 학교는 순회 교사(Peripatetic teacher)에게 레슨을 희망하는 학생들의 정보만 제공할 뿐, 부모가 교사와 연락을 주고받으며 레슨 요일을 정하고 레슨비를 직접 내야 했다. 학교가 개인 음악 레슨을 연결해주는 셈이다. 우리나라처럼 학원이 없다 보니 학교에서 따로 교사를 연결해주는 시스템이다. 나중에 알았지만, 순회 교사 중에는 학교 선생님의 가족인 사람도 있고 학교에서뿐 아니라 따로 집에서 음악 과외를 하는 사람이 많았다. 한국이라면 학교에서 사교육을 조장한다느니, 가족끼리 서로 사업을 돕는다느니 말이 많이 나올 부분인데 영국은 그런 면에서 참 쿨한 것 같다.

개학하고 한 달 후에 작은 음악회가 열렸다. 개인 악기 수업을 받거나 방과 후 합창 수업을 받는 아이들이 무대에 올랐다. 피아노를 한 손으로 여덟 마디만 치고 내려가는 아이, 호른을 배운 지 얼마 되지 않았는지 흡사 방귀 소리만 붕붕 내는 아이, 노래하며 고음을 제대로 내지 못하는 아이, 화음이 맞지 않는 리코더 앙상블, 특정 음이 반복해서 이탈하는 바이올린 공연까지. 감탄이 나올 만큼 완벽하고 멋진 연주 실력을 가진 아이는 없었다. 솔직히, 한국이라면 절대로 부모님을 모시고 보여 줄 만한 수준이 아니었다. 그래도 아이들은 최선을 다해 자신의 공연을 마치고 퇴장했다. 한국이라면 공연을 위해 학교는 물론 집에서도 충분히 연습을 시킬 것이다. 하지만 이곳의 아이들은 공연을 위해 특별히 연습

○ 리코더 연주 발표회. 곡은 짧고 간단했다

○ 방과 후 합창반 공연

하는 것 같지 않았다. 우리 아이들의 합창 공연만 하더라도 일주일에 한 번 하는 방과 후 수업이 전부였다. 무대를 위해 연습한 것도 아니고, 그냥 배운 것을 그대로 보여주는 것이 전부다. 실수가 많아도, 곡의 수준이 기대에 못 미쳐도, 무대에 오른 것만으로 대견한 아이들의 모습에 박수가 끊이질 않았다.

한국은 유치원 발표회만 보더라도 며칠 내내 연습한다. 줄서서 입장하고 퇴장하는 것도 리허설을 여러 번 거쳐 완벽하게 할 수 있도록 한다. 악기 연주도 어느 정도 수준이 되지 않으면 무대에 오르지도 못한다. 선생님들은 아이들을 연습시키고, 팸플릿과 현수막을 제작하느라 바쁘다. 발표회 대부분 등수가 정해지고 그에 맞게 상을 주기 때문에 심사위원 섭외나 상품 준비도 필수다. 한국 학교에 비해 뭔가 어설프고 모자라 보이기도 했지만, 웃으며 함께 즐길 수 있는 행사였다. 한국에서는 학교 행사를 앞두고 교사와 학생 모두 긴장한다. 공연할 때 실수하지 않을까, 행사 진행에 사고가 없을까 걱정한다. 부모 참석 여부도 미리 파악해서 좌석을 확인하는 것도 필수다. 그런데 영국 학교에선 그런 것을 전혀 신경쓰는 것 같지 않았다. 정규 수업이 끝나고 학교에서 방과 후 음악 수업을 하거나 개인 악기 레슨을 받는 아이들만 남고, 그러지 않은 아이들은 집으로 돌아간다. 아이들 몇 명과 부모들만 참여하기 때문에 무대는 간소하고 행사 진행도 간단하다. 그냥 학교에서 음악을 배우는 아이들이 가족들에게 자신의 성과를 보여주는 발표회인 것이다.

한국에 있을 때 첫째가 피아노 발표회에 참가한 적이 있다. 아이는 오랫동안 그 곡을 외울 정도로 연습했고 다른 아이들도 마찬가지였다. 연주회 당일, 한 아이가 피아노를 치다가 두어 번 틀리더니 당황했는지 피아노 앞에서 얼어붙은 채로 몇 분간 가만히 있었다. 아이의 영상을 찍던 엄마는 한숨을 쉬며 녹화를 멈추었고, 정적이 흐르는 몇 초 동안 나도 긴장이 되었다. 한국에서 발표회란 악보 없이 악기를 연주할 수준이 되어야지 무대에 설 수 있다. 발표회를 위해서는 당연히 공연할 곡을 외울 정도로 완벽하게 연습해야 한다고 생각했던 나는 영국 학교의 조촐한 연주회가 굉장히 신선했다. 아이들의 사진을 찍거나 녹화를 하는 부모도 없고, 편안하게 즐기는 분위기였다. 연주하는 곡이 쉽고 짧거나 실수가 있었더라도 공연이 끝나고 내려오는 아이들의 모습은 당당했고, 그런 아이를 바라보는 부모들도 엄지손가락을 치켜들었다. 소박하고 서툴지만 아이들에게 소중한 무대를 마련해준 학교가 고마웠다.

초등학교 1학년 체험하기

작은아이는 Year 1로 영국에서의 학교생활을 시작했다. 영국에서 초등학교 1학년에 입학한 것이다. 아직 한국 나이로 6살이라, 한국에서는 유치원 갈 나이인데 2년이나 먼저 조기 입학을 한 것 같아 괜히 마음이 짠했다. 첫째가 교복을 입고 등교할 때는 마냥 의젓해 보이고 다 큰 것 같더니, 둘째는 소매를 접어 올린 교복 재킷만 봐도 어딘가 부족해 보이고 안쓰럽다. 단추도 제대로 못 채우는 아기 같은 아이에게 후크와 지퍼 달린 교복 바지라니. 혹시나 실수라도 하지 않을까 몇 번이나 바지를 입고 벗는 것을 연습시켰다.

학교 가기 전날, 미리 메일로 받은 시간표를 확인하고 체육복과 운동화를 가방에 넣었다. 묵직한 가방까지 마음이 쓰여 첫날은 아이와 함께 등교했다. 예전에 다녔던 영국계 국제 학교도 그랬지만, 이곳 역시 1학년이라고 해서 따로 입학식을 하진 않았다. 개학하는 날에 시간표를 비롯한 모든 안내 사항이 메일로 학부모에게 전달된다. 궁금한 것이 있으면 메일로 보내고, 아이만 안전하게 등교시키면 된다. 간소하고 합리적인 시스템이다. 개학식 없이 첫날부터 바로 정상 학교 일정이니 말이다. 그래도 나는 담임선생님을 만나서 눈도장이라도 찍어야 마음이 놓일 것 같아 첫날 아이의 손을 잡고, 교실까지 들어갔다. 교실에는 아무도 없었다. 등교하면 운동장이나 정해진 곳에 있다가 시간이 되면 다 같이 교실에 들어가는 것을 나중에야 알았다. 다행히 복도에서 담임선생님을 만났다. 선생님을 보자마자 1학년 엄마의 걱정이 막 터져 나왔다.

"우리 아이는요. 수줍음이 많고 낯도 많이 가리고요. 영어도 잘 못한답니다. 로봇보다 공주를 더 좋아하는 아주 여린 아이예요."

"괜찮아요. 영어는 금방 늘어요. 궁금한 사항이 있으면 언제든지 메일이나 전화 주세요. 자, 엄마한테 인사해."

선생님은 내 걱정에 별다른 호응을 보이지 않고 간단한 인사만 나눈 채 아이의 손을 잡고 운동장으로 나갔다. 걱정이 무색할 만큼 아이는 수줍어하지 않고, 처음 만난 선생님의 손을 잡고 나에게 인사를 했다. "Bye, Mommy." 내 눈에만 마냥 아기였을 뿐 이제 어엿한 1학년(영국에서는)인 것이다. 반 학생 수도 적은 데다 담임선생님도 두 명이어서 걱정했던 것보다는 케어가 잘되는 것 같았다. 교과서도 없고 공책, 연필 하나까지 학교에서 제공되기 때문에 따로 챙겨야 할 준비물이 없는 것도 다행이었다.

그러다 걱정했던 일이 며칠 뒤에 일어났다. 아이가 교복이 아닌 낯선 반바지를 입고 집으로 온 것이다. 화장실에서 미처 바지를 못 내려서 오줌을 쌌다고 한다. 이제 혼자 교복을 잘 입고 벗는 것 같아 안심했는데, 급할 때 바지를 벗지 못한 것이다. 학교에 여분이 있었는지 담임선생님이 속옷이랑 바지를 갈아입히고 젖은 옷과 속옷은 비닐봉지에 넣어 보내주었다. 한국이었으면 구구절절 연락이 왔을 텐데, 역시 이곳은 그런 정은 없다. 아이가 스스로 얘기할 수 있으니 굳이 선생님이 상황을 알려줄 필요는 없긴 했다. 또 이런 실수가 별일 아닐 수도 있고, 그냥 좋은 쪽으로 생각하기로 했다. 외국 학교에 보내다 보니 한국의 초등학교 선생님들은 참 정이 많구나 싶기도 하고, 많은 아이들을 데리고도 수업 외의 불필요한 일에 에너지를 많이 쏟는 것에 안타까운 마음도 들었다.

1학년 시간표를 보니 매일 영어와 수학이 있고 요일에 따라 음악, 미술, 체육 수업이 있었다. 영어는 모국어인 만큼 읽기와 쓰기 중심 수업이었고, 수학은 숫자 쓰기부터 간단한 셈과 시계 보는 법에 관한 것이었다. 교과서가 없어 무엇을 배울까 궁금했는데, 숙제를 보니 교육과정이 조금은 보이는 듯했다. 매일 책과 기록장(Book Record)을 가져와서 부모와 함께 읽게 했다. 한국 엄마들 사이에서도 유명한 『옥스퍼드 리딩 트리(Oxford Reading Tree)』라는 단계별 읽기 책이었다. 매일 책 읽기와 일주일에 한 번 한 문장 쓰기와 셈하기 숙제가 있었다. 간단한 것 같았지만 아이에게는 정말 큰 숙제였다. 둘째는 연필도 제대로 못 쥐고, 글씨라는 것을 거의 써본 적이 없었다. 늦둥이라서, 외국이라서 시키지 않은 이유도 컸다. 그렇다 하더라도 우리나라 나이로 6세인 아이들인데 책 읽기와 글쓰기 숙제를 내주다니. 영국은 일찍 문자와 산수를 가르치는 것 같다.

숙제를 해가야 하기 때문에 일단 급한 대로 아이에게 엄마가 한 문장씩 읽을 테니 따라 읽으라고 했다. 책을 보더라도 글자는 전혀 인식하지 못하고 그림만 보던 아이라 따라 읽는 것도 못했다. 마음이 급한 나는 목소리가 커지고 아이를 몇 번이나 다그치게 되었다.

"엄마, 나 너무 힘들어. TV 보고 싶어."
"안 돼. 너는 지금 너무 못하기 때문에 엄마랑 더 많이 공부해야 해."

다섯 돌이 갓 지난 아이를 책상에 앉혀서 공부를 가르친다고 큰 소리를 내고 있으니 첫째가 슬그머니 와서 이렇게 말한다.

"엄마, 못하는 게 아니라 아직 어려서 그런 거야. 그리고 우리 학교 선생님들은 절대 '너는 못 읽는구나(You're bad at reading)'라고 말하지 않아."

첫째의 말을 들으니 한국에 살면서도 한글도 못 읽을 수 있는 나이인데, 영어를 시키면서 욕심이 지나쳤다는 생각이 들었다. 단어도 못 읽는 아이에게 문장이라니. 다음 날 담임선생님에게 메일로 아이에게 맞는 더 쉬운 책을 보내달라고 부탁했다. 선생님은 단어만 있는 제일 낮은 단계의 책을 보내주었다. 그 책 역시 작은아이에게는 버거운 듯했지만 첫째와 내가 번갈아가면서 매일 책을 읽어주었다. 여전히 답답해서 책을 던지고 싶은 적도 있었지만, 속으로 '이 아이는 5살이다(한국 나이로는 6살이지만)'라고 되뇌었다. 아이가 반에서 막내(우리 학제로 따지자면 같은 해 12월

생인 셈이다)이기도 했고, 아무래도 같은 반 아이들보다 느린 편이었다. 한 문장 쓰기도 역시 힘든 숙제였다. 손이 아파서 못 쓰겠다는 것을 겨우 어르고 달래어 써서 보냈는데, 선생님은 글씨를 보자마자 아이의 수준을 알아차린 듯했다. 그다음 숙제에는 목표 문장에서 주요 단어만 2개 표시해주고는 그것만 써오라고 하셨다. 아이의 수준을 반영해서 숙제를 내줘서 감사했다. 두 달쯤 지나자 간단한 문장이 있는 책을 떠듬떠듬 읽기 시작했다. 버스나 공원에서 안내문을 보고 아는 단어를 발견하고 반가워하는 걸 보니 대견했다. 마음을 비우고 기대를 낮추니 칭찬이 절로 나오고 기쁨도 컸다.

정규 수업은 4시에 끝나고, 4시부터 5시까지 방과 후 활동이 있다. 그리고 원하는 경우 6시까지 학교 도서관에서 머물 수 있다. 저학년 학생들은 방과 후 수업도 거의 하지 않고 4시에 부모가 픽업을 하는 것 같았지만, 스쿨버스 시간을 맞추기 위해서 매일 방과 후 수업을 신청했다. 아이들이 하교 후에 특별히 하는 것이 없어서 부담이 없기도 했다. 개인적으로 아이가 피곤해하지 않다면, 방과 후 활동을 참여하는 것을 추천한다. 국제 학교를 다닐 때 방과 후 활동은 안 보내고 따로 영어 과외를 시키는 엄마들이 많았다. 아이의 영어 실력이 빨리 늘지 않아서 개인 과외를 시키는 마음도 이해하지만, 사실 방과 후 활동이 훨씬 영어 실력 향상에 도움이 된다. 축구를 하면서 배우는 축구 관련 용어들, 요가를 하면서 배우는 영어 표현들, 활동하면서 친구들에게 배우는 표현은 공부만으로 얻을 수 없다.

아이는 방과 후 활동으로 북클럽, 요가, 합창을 했다. 주말에 도서관에 가면 북클럽 시간에 선생님이 읽어준 책이라며 그 책을 따로 빌려왔다. 내가 집에서 스트레칭을 하고 있으면, 옆에서 '숨을 들이마시고(inhale), 내쉬고(exhale)' 하면서 요가 시간에 배운 영어 단어를 말했다. 합창을 하는 날에는 읽지도 못하는 가사를 들고 와서 저녁 내내 노래를 흥얼거렸다. 합창 덕분에 한 학기 동안 여러 번 무대에 서는 경험도 했다.

한 학기가 끝나고 한국으로 돌아갈 때가 되니 많이 아쉬웠다. 떠날 때쯤 되니 책을 떠듬거리며 읽고 문장으로 이야기하기 시작했기 때문이다(영국에서 학교를 다니면 영어 실력이 폭발적으로 늘 것 같지만 실상은 그렇지 않다). 버스 타고 지나가면서 보이는 가게 간판들의 단어를 떠듬떠듬 읽기도 했다. 한국에 가면 한국어를 쓰는 만큼 영어는 잊게 되는 나이라 더욱 아쉬웠다. 하지만 한글도 익혀야 하기 때문에 영어만 잡고 있을 수 없는 노릇이었다. 둘째는 그냥 첫째와 나의 영국 경험을 위해 온 것이라 어린 나이에 8시부터 5시까지 학교라는 곳을 다녔다는 것만으로 기특하게 여기기로 했다. 이 경험이 나중에 추억과 기억이 되면 더 좋고.

스펙터클한
영국의 초등생활

큰아이가 처음 국제 학교를 간 것은 2014년 11월, 한국 나이로 6살 때였다. 베트남 미국계 학교인 킨더에서 첫 국제 학교생활을 시작했다. 국제 학교를 다니기 전에는 한국에서 병설 유치원을 다녔고, 한글은 거의 읽을 수 있었지만 영어는 전혀 모르는 상태였다. 외국어를 시작하기에 좋은 시기였다. 국제 학교지만 절반 이상이 한국 아이들이었고, 미국 국적이지만 한국인 어머니를 둔 담임선생님 덕분에 큰 거부감 없이 학교생활을 시작했다. 첫째는 영어 한마디 못했지만, 한국인 친구들이 많이 도와주었다. 궁금한 것을 대신 물어봐주기도 했고, 선생님 말씀을 한국어로 말해주어 참 고마웠다. 주위에서 원어민 과외를 시키라고 했지만, 영어를 하나도 못하는 상태에서 원어민과 대화를 하게 하는 것은 무의미한 일이라 생각해서 매일 1시간 정도 영어 만화를 보고, 자기 전에 영어책을 읽어주는 것이 전부였다.

다음 해 9월, 영국계 학교로 옮겨 Year 1 과정을 다니기 시작했다. 영국 학교는 한국이나 미국보다 한 해 먼저 1학년을 시작한다. 그래서 교육 과정도 일 년 빠르고, 1학년부터 간단한 연산과 글쓰기를 시작한다. 교과서 없이 학기별 주제로 교육과정이 이뤄졌다. 예를 들어, '공룡'이 주제라면 공룡이 살았던 시대에 대해 알아보기, 공룡들의 크기 비교하기, 공룡에 관한 책읽기 등을 하며 역사, 수학, 영어, 과학 수업이 진행된다. 교과서와 시험이 없어서 무엇을 어떻게 가르칠지 궁금했는데, 학기마다 학기 주제와 개괄적인 수업과정을 메일로 보내주었다. 그리고 상담 주간에 학교에 방문하면 아이들이 이제까지 배웠던 내용이 담긴 두툼한 공책과 결과물들을 볼 수 있어 수업에 대한 궁금증이 한번에 해결된다.

학교나 가르치는 선생님마다 수업 내용이나 방식이 달라서 비교가 절대적이진 않지만, 경험상 영국 학교는 좀 아날로그적인 느낌이다. 컴퓨터로 리딩 프로그램을 하고, 테스트를 하는 미국 학교와 달리 영국은 종이책을 읽고 손으로 글을 쓰게 한다. 대소문자나 띄어쓰기, 문장부호도 정확하게 쓰도록 가르친다. 미국 시험인 토플은 컴퓨터로 시험을 보지만, 영국 시험인 아이엘츠(IELTS)는 여전히 시험지가 배포되고 문제를 읽고, 답안을 직접 서술하게 하는 것을 보면 영국 교육의 성격이 보인다.

큰아이는 Year 3까지 베트남에서 영국계 국제 학교를 다니고, Year 4 첫 학기를 영국에서 시작했다. 영어 실력이 눈에 띄게 향상되고, 읽기 레벨이 높아지게 된 것은 베트남에서 Year 3을 시작하면서부터인 것 같다. 영어로 듣고 말하기가 자연스러워 지는 데 1년 이상 걸렸고, 2년 정

○ 학교 체육시간

○ 방과 후 서핑 수업

도 지나니 가끔 내게 물어보던 안내장이나 숙제를 스스로 읽고 해결하기 시작했다. 학교에서 배우는 교과가 많아지고 내용이 심화되면서 어휘와 표현들이 자연스레 늘었다. 친구들과 놀면서 배우던 영어를 넘어서 학교에서 여러 과목을 배우면서 심화된 어휘와 표현이 많아진 것이다.

베트남을 떠날 때 정든 학교를 떠나기 싫어 아쉬워했던 큰아이는 영국 학교에서 예전의 학교가 생각이 나지 않을 정도로 잘 적응하고 좋아했다. 그 이유 중 하나가 바로 서핑이다. 영국 학교는 체육 시간에 다양한 스포츠를 배운다. 남자 아이들에게는 정말 신나는 환경이다. 천연 잔디로 뒤덮인 운동장에서 축구, 럭비, 크리켓, 크로스컨트리 등 다양한 스포츠를 정규 체육 시간에는 물론 방과 후에도 즐길 수 있다.

"엄마, 나 방과 후 수업으로 서핑 신청해줘."
"서핑? 바다에서 하는 거? 위험하지 않을까?"
"우리 반 친구들 많이 신청했어. 나도 하고 싶어."

한 학기만 있을 예정인데 괜히 무리해서 다치지는 않을까 걱정이 되어 처음에는 말렸다. 하지만 자기보다 어린 여자아이도 한다면서 너무 간곡하게 부탁하기에 서핑슈트까지 사 주었다. 서핑 수업을 처음 했던 날, 아이는 흥분을 감추지 못하며 집으로 돌아왔다.

"엄마, 오늘은 내 생애 최고의 날이었어. 파도가 보기에는 약해 보이는데 실제로는 엄청 세. 많이 넘어졌지만 나중에는 혼자 두 번이나 탔어. 서핑은 정말 멋있는 스포츠야!"

그날 아이는 그 멋진 하루의 감동을 잊고 싶지 않았는지 한 페이지 넘게 일기를 썼다. 아이의 서핑 사랑은 영국에 있는 내내 계속되었다. 도서관에 가도 서핑 관련 책만 들여다보았고, 서핑을 잘하려면 유연해야 한다며 스트레칭도 자주 했다. 휴일에는 바다에서 서핑 하는 사람들을 넋 놓고 쳐다보고 있었다. 서핑 수업이 있는 수요일은 전날 밤에 스스로 서핑슈트와 속옷을 준비했다. 월요일은 럭비, 수요일은 수영과 서핑, 목요일은 축구를 했는데, 특히 럭비는 한 달에 두 번 정도 다른 학교와 친선 경기도 있었다. 럭비는 무릎보호대와 축구화, 마우스가드까지 필수로 착용해야 수업에 참여할 수 있을 정도로 공격적인 스포츠다. 체육 시간에 간단히 배우는 거겠지 하고 생각했는데 체육복에 흙과 풀이 잔뜩 묻어서 오는 것은 물론 다리에 멍까지 들어서 오는 것을 보니 꽤나 몸을 부딪치는 모양이었다. 정말 스포츠 학교였다.

한국에서는 공부하느라 보약을 먹이지만, 여기서는 체육 때문에 보약을 먹여야 되지 않을까 싶을 정도로 체력 소모가 컸다. 아이는 정말 많이 먹고, 많이 자고, 많이 움직였다. 그리고 많이 자랐다. 다양한 스포츠를 통해 규칙과 페어플레이, 협동심을 배우고, 자신의 몸과 마음을 컨트롤하게 되었다. 한국에서는 아이가 다칠까 봐 또는 남을 다치게 할까 봐 아이의 활동을 많이 제시하고 주의시켰는데, 영국에서는 그럴 필요가 없었다. 아이 스스로 조심했고, 남과 부딪히면 'sorry'라고 자연스럽게 말했다. 한국 가서도 그런 매너를 계속 가졌으면 좋겠다.

학부모 상담 주간

10월 초에 학부모 상담이 있었다. 학교에서 학부모에게 미리 가능한 시간을 물어보고, 상담 날짜와 시간을 조정한 후에 다시 확인 메일을 보내준다. 학부모는 그 시간에 맞춰서 학교에 가면 된다. 베트남 있을 때 미국계 학교들은 상담이 있는 날은 수업이 아예 없어서 아이를 데리고 상담을 가기도 하던데, 영국계 학교는 그렇지 않아서 편했다. 정규 수업을 마치고 부모가 상담을 하는 동안 아이들은 강당이나 도서관에 있게 했다. 이곳 학교도 마찬가지로 오후에 상담을 잡아줘서 직장 다니는 부모들에게 효율적이라는 생각이 들었다.

교실에 가니 문에 학생 이름과 상담 시간이 붙어 있었다. 큰아이 상담 후 바로 작은아이 상담인걸 보니 학교에서 상담시간을 잘 조절해준 듯했다. 여유롭게 도착해서 상담 시간과 순서를 확인 후 도서관에서 차를 마시며 기다렸다. 다들 엄마와 아빠가 함께 왔고 혼자 온 사람은 나뿐이었다. 베트남에 있을 때도 학교 행사나 상담에 혼자 오는 사람은 한국과 일본 엄마들뿐이었다. 서양 아빠들은 학교의 모든 행사에 거의 참여하는 편이다. 그때는 같이 갈 이웃이라도 있어서 어색하지 않았는데, 도서관에 혼자 있으니 괜히 서글프다.

10분마다 한 선생님이 복도를 지나가면서 종을 흔든다. 상담이 끝났다는 신호다.

내 차례가 되어 상담 장소인 강당으로 들어가니 담임선생님이 저쪽에서 손을 흔든다. 영어로 하는 상담은 늘 긴장이 된다.

"안녕하세요. 잘 지내시죠? 여기 앉으세요."

"네, 반갑습니다."

"아이가 참 밝고 긍정적입니다."

"감사합니다. 친구들과 관계는 어떤가요? 솔직히 유일한 동양인이라 걱정이 많이 됩니다."

"친구들하고 잘 지냅니다. 농담도 잘하고 재밌어요. 아이들은 물론 우리 학교의 모든 교사와 스텝들은 피부색이 다르다는 생각을 하고 있지 않습니다."

"수업 시간에는 어때요?"

"친구들과 협동도 하고, 잘 참여해요. 특히 역사를 좋아하는 것 같아요."

다행이다. 아직 어려서 그런지 학업에 대한 말은 따로 없고, 좋은 점에 대해 많이 이야기해주셨다. 타국에서 친구들과 큰 사고나 갈등 없이 잘 지내는 것만으로 고마운 일이다. 처음에는 학교에 가는 게 부담스러웠다. 짧은 기간 동안 다니는 것이고, 아이가 딱히 힘들다거나 학교에 가기 싫다는 말을 안 해서 상담이 필요한 것 같지 않았다. 하지만 막상 상담에 다녀오니 잘했다는 생각이 들었다. 기대했던 것보다 아이가 훨씬 잘 적응하는 것 같았고, 그런 확신을 들게 하는 선생님의 따뜻한 말이 감사했다. 상담이 끝났다는 종이 울린다. 다음은 둘째 아이의 교실로 갔는데, 선생님이 두 분 계셨다. 아이가 학교 이야기를 할 때 선생님 이름이 여러 번 바뀌는 것 같아 뭔가 했더니 담임선생님이 두 분이었던 것이다. 요일을 나눠서 출근하신다고 한다. 한 사람의 담임이 모든 것을 책임지고 일 년을 이끌어 가는 한국과는 다른 시스템이다.

"우리 아이는 친구들과 잘 지내나요?"

"네, 특히 여자애들이랑 잘 놀아요."

"그렇군요. 여자아이들이 좋아하는 색깔이나 장난감을 좋아해서 조금 걱정입니다."

"전혀 걱정할 필요 없어요. 로봇을 좋아하는 여자아이들도 있으니까요."

"영어는 좀 어떤가요?"

"많이 늘었어요. 수업 내용이나 선생님의 설명을 이해하는 데는 무리가 없어요. 한국어는 어떤가요? 아이가 읽고 쓸 수 있나요?"

"말하는 것도 또래 한국 아이들보다 느리고, 한국어 읽기 쓰기는 전혀 못해요."

"그렇다면 영어-한국어 그림 사전을 추천해드릴게요. 학교 도서관에 있는지 모르겠는데, 없다면 제가 신청해서 집으로 보낼 테니 읽도록 도와주세요."

"감사합니다."

"궁금한 게 있으시면 언제든지 메일 보내세요."

상담이 끝나고 2주 뒤, 아이는 영어-한국어 그림 사전을 들고 왔다. 담임선생님이 방학 전까지 집에서 읽으라고 하셨단다. 나의 학부모로서의 첫 경험은 한국 학교가 아닌 국제 학교에서였다. 학부모 상담 때 무엇을 물어봐야 할지도 몰랐다. 영어 표현도 그랬지만, 현지인 부모들은 어떤 내용으로 상담을 하는지 궁금해서 검색을 해봤다.

상담 주간에 부모가 교사에게 해야 하는 질문들

- 아이가 친구들과 잘 지내나요? (How are my child's social skills?)
- 아이가 주위 사람들에게 친절한가요? (Is he/she nicer to around him/her?)
- 수업 참여는 잘하나요?
  (Is my child participating in class discussions and activities?)
- 특별히 이상한 행동은 하지 않나요?
  (Have you noticed any unusual behaviors?)
- 아이가 수업에 어려움을 겪는 부분이 있나요?
  (What do you think are the academic challenges for my child?)

- 제가 집에서 어떤 점을 도와주면 좋을까요?
  (What can I do at home to support?)

질문이 한국과 별반 다를 게 없지만, 국제 학교나 외국 스쿨링을 보내는 부모들에게 유용할 것 같아 몇 가지 적어봤다. 교사 입장이든 부모 입장이든 아이의 학교생활과 교사, 교우와의 관계와 태도에 관한 이야기를 나누는 것이 중요한 것 같다.

친구
생일 파티에 가다

둘째 아이는 한 학기 동안 5번 이나 생일 초대장을 받아왔다. 학년이 올라가면서 반 아이들을 초대해서 파티를 하는 일이 줄어들긴 하지만, 유치원과 초등학교 1학년 정도는 부모들이 친구들을 초대해서 파티를 열어주는 것 같았다. 처음에 초대장을 받았을 때는 어색해서 가지 않았다. 하지만 시간이 지나고 반 아이들과 친해지고 초대도 여러 번 받기 시작하니, 아이가 먼저 "친구 엄마한테 나 생일 파티 간다고 말해줘."라면서 초대장을 내밀었다.

보통 생일 파티 2, 3주 전에 초대장이 온다. 초대장에는 파티 날짜와 장소, 시간이 적혀 있는데, 보통 1시간 30분에서 2시간 정도 파티를 한다. 장소는 각각 다르지만, 내가 영국에서 참석한 생일 파티 장소는 마을 회관(community hall)과 트램펄린 파크였다. 초대장에서 가장 중요한 부분은 바로 'RSVP'다. 프랑스어에서 유래한 말인데, 영어로는 'Please reply'로 참석 여부를 미리 알려달라는 뜻이다. 보통 파티 일주일 전까지는 답신을 보내는 것이 예의라고 한다. 생일상 음식 준비는 물론 답례품(goody bag)을 미리 준비하기 위해서인 것 같다. 아이들의 생일 파티는 꽤나 화려하다. 파티는 보통 토요일 오후에 있었다. 주말이라 큰아이도 같이 가야 해서 아이에게 형이 있는데 혹시 같이 가도 될지 미리 양해를 구했다. 보통 같이 오라고 하지만, 놀이공원 같은 곳에서 생일 파티를 할 때는 형제자매의 입장료까지 챙겨주지 않는다. 형제자매를 데리고 가야 한다면 입장료는 따로 계산하겠다고 초대한 쪽에 미리 알려주는 것이 좋다.

9월의 어느 주말, 친구 클레일라(Claryla)의 생일 파티가 근처 마을 회관에서 있었다. 집이 아닌 마을 회관에서 파티를 하는 게 처음에는 신기했지만, 다른 아이들도 생일 파티를 지역 회관에서 많이 하는 것 같았다. 부끄러워서 못 들어가겠다는 둘째를 겨우 달래어 들어가니 이미 댄스타임이 시작되었다. 강당 앞쪽에는 생일 선물이 쌓여 있고, 행사 진행자로 보이는 사람이 아이들이 춤을 출 수 있도록 노래를 틀어준다. 노래가 나오면 춤추다가 소리가 안 들리면 동작을 멈추는 놀이, 의자에 쪼르르 앉아 있다가 특정 단어가 나오면 그에 해당되는 아이가 일어나서 달리는 게임, 영국 생일 파티는 처음인데 이상하게 익숙한 게임들이다. 다들 노는 게 비슷한가 보다. 아이들은 별것도 아닌데 즐거워했다.

신나게 놀다 보니 어느덧 케이크 커팅 시간이다. 클레일라 할머니께서 손녀를 위해 직접 만드셨다고 한다. 생일상은 대부분 과자로 차려졌다. 비스킷, 쿠키, 샌드위치, 과일, 야채 스틱, 과일 주스도 있었다. 한국 사람 입장에서는 간소한 생일상이다. 한국은 미역국은 기본이고 떡볶이, 김밥, 튀김 등 끼니를 때울 수 있는 것으로 준비한다. 예전에 외국인 친구 생일에 초대되어 점심을 안 먹고 갔다가 먹을 게 없어 돌아오는 길에 한국인들끼리 식당에 갔다는 친구 말이 생각이 났다. 한국은 생일 초대할 때 음식이 제일 고민인데, 영국에서 생일 초대는 아이들이 즐겁게 놀 수 있는 이벤트에 더 중점을 두는 것 같다. 케이크를 먹고 나니 행사하는 사람이 여러 모양의 풍선을 불어주고 솜사탕도 만들어준다. 집에 갈 때는 사탕과 조그만 선물이 담긴 구디백(goodie bag)까지 챙겨주었다. 집주인에게 초대해주어 감사하고 즐거운 시간이었다고 인사하는 것은 필수다. 비록 나는 강당 모퉁이에 앉아 멀뚱멀뚱 아이들만 쳐다봐서 힘들었지만, 아이들에게는 알차고 즐거운 2시간이었다.

12월에는 트램펄린 파크에서 친구 티아(Tias)의 생일 파티가 있었다. 우리 집과 꽤 떨어진 지역이라 가지 말까 고민했는데, 영국에서 보내는 마지막 파티라 택시를 불러서라도 가 보기로 했다. 선물은 아이가 몇 주 전부터 신신당부한 '팅커벨' 아이템으로 준비했다. 아들은 반 여자아이들이 어떤 캐릭터를 좋아하는지 줄줄이 꿰고 있다. 한 시간은 트램펄린에서 즐겁게 뛰어놀고, 30분 정도 생일 파티를 했다. 간식을 먹고 축하 노래도 불렀다. 다른 엄마들은 옆 테이블에서 이야기를 나누고 있었는데, 나는 가장자리에 엉거주춤 앉아서 집에 돌아갈 택시 예약을 하고 있었다. 주말 늦은 오후라 지역 택시 회사는 전화도 안 받고, 택시 앱으로는 서비스가 불가한 지역이어서 너무 당황했다. 왕복으로 예약했어야 했는데 이런 실수를 하다니! 옆자리에 있던 클레일라 엄마에게 살짝 말을 걸었다. 전에 클레일라의 생일 파티에 참석을 했던 터라 유일하게 인

○ 트램펄린 파크에서 열린 생일 파티

사를 나누고 얼굴을 아는 사람이었다.

"저기, 정말 미안한데 혹시 집에 갈 때 저희 좀 태워주실 수 있을까요? 택시를 잡으려니 잘 안 되네요."

"어머, 난 운전을 안 하는데… 기다려봐요. 다른 엄마들에게 물어봐줄게요. 혹시 웨스트워드 호 사시는 분 있나요? 태균이 엄마가 택시 예약을 못했다네요."

일제히 나를 쳐다본다. 갑자기 얼굴이 화끈거리며 더듬더듬 말을 덧붙였다.

"미안해요. 타운 쪽에 내려줘도 되니까 가는 길이면 좀 부탁할게요."

"내가 근처에 살아요. 태워줄게요. 집이 정확히 어디죠?"

알고 보니 둘째 아이와 가장 친한 여자아이의 엄마였는데, 우리 집 윗동네에 살고 있었다. 집에 돌아갈 방법이 없을까 봐 당황하고 긴장했던 마음이 스르르 사라졌다. 대중교통도 없는 곳인데 계획 없이 와서 자책하고 있던 차였다.

"우리 아이가 갑자기 한국 가자고 하더라고요. 태균이가 한국 간다고. 호호. 한국으로 떠나고 나면 많이 그리워할 것 같아요. 이렇게 근처에 사는 줄 알았다면 자주 만날 걸 그랬네요."

부끄럽고, 미안했던 마음이 언제 들었나 싶을 정도로 편안하게 이야기를 나누었다. 그렇게 우리는 영국 학교에서 보내는 마지막 주말을 생일 파티로 재미있게 마무리했다. 두 번의 생일 파티는 새롭고 재미있는 경험이었다. 내가 좀 더 적극적이거나 영어를 잘했더라면 부모들과 잘 지낼 수 있지 않았을까 하는 아쉬움이 들었다. 영국인들이 낯을 많이 가리는 편이라 한두 번 얼굴 보는 것만으로 친해지기 힘들다고 하니 꼭 나만의 문제는 아니라며 위안했다. 하지만 영어가 유창하지 않은 동양인이 그 무리에 있다는 것만으로 괜히 주눅이 들고 눈치가 보였다. 그래도 영국 아이들은 피부색이 다르고 영어 실력이 한참 모자란 우리 아이를 반겨주고, 스스럼없이 대해주는 것이 고마웠다. 아이들이 영국과 영국 학교에 대해 좋은 기억과 추억을 가지고 돌아가게 되어 다행이다.

영국 문화에 무지한 엄마

영국 학교는 학기가 끝나면 방학이 있고, 학기 중에도 짧은 방학이 있다. 1학기 중 열흘간의 방학을 맞게 되었다. 아이들과 함께 보람찬 방학을 보내기 위해 지역 도서관 프로그램은 물론 놀이공원이나 하루 정도 대중교통으로 다녀올 수 있는 관광지를 열심히 검색했다. 첫날은 반스터플(Barnstaple)에 가기로 했다. 평소 자주 가던 타운보다 훨씬 큰 타운이고, 박물관은 물론 도서관에도 많은 책들이 있다고 해서 아침 일찍 집을 나섰다. 아이들은 오랜만에 이층 버스를 타고 여행하는 기분이라며 한껏 들떠 있었다. 처음 가려고 했던 박물관은 아쉽게도 공사 중이라 들어가지 못하고 바로 도서관으로 향했다. 도서관 앞 벤치에서 집에서 싸온 과일과 빵을 먹고 있는데, 갑자기 큰아이가 어떤 아이를 향해 뛰어간다. 같은 학교 친구라고 한다. 금세 아이들은 도서관 옆 작은 동산으로 올라가버렸다. 그리고 어색하게도 벤치에는 영국인 엄마와 나만 남게 되었다.

“안녕하세요. 내 이름은 클레어에요. 우리 저번에 자선 음악회 때 봤죠?”

“반가워요. 전 린이에요.”

“반스터플에 살아요?”

“아니요. 웨스트워드 호에 살아요. 방학이라 박물관이랑 도서관 가려고 왔어요.”

“운전해서요?”

“아니요, 버스 타고 왔어요. 영국에서 운전할 자신이 없어서 안 해요.”

“그렇죠. 운전 방향도 다르고, 일처리도 복잡하고.”

무슨 말을 해야 하나 긴장했는데 클레어가 먼저 인사하고, 대화를 이끌어주는 것 같아 고마웠다.

“내일 뭐 해요? 엄마들 몇 명이랑 놀이공원에 가기로 했는데, 학교와 가까운 곳이에요. 시간 되면 와요. 같은 반 친구들도 올 거예요.”

“그래요? 몇 시에 만나나요?

“11시쯤 만나서 하루 종일 놀까 해요. 애들 데리고 집에만 있으면 힘들잖아요.”

영국 엄마들도 방학이 힘든가 보다. 특별한 계획이 없던 나에게 정말 은혜로운 제안이었다. 고맙고 또 고마웠다. 다음 날, 놀이공원에서 아이들을 만났다. 놀이공원은 작고 소박했다. 놀이기구라고는 바이킹과 빙

빙 도는 컵밖에 없고, 직원 한 사람이 돌아가며 기계를 작동해준다. 어린아이들은 모래 놀이터에 있고, 큰 아이들은 미로로 들어가 함께 뭔가를 들고 미션을 수행하는 중이다. 나는 커피를 들고 작은애가 노는 모래 근처에서 쭈뼛쭈뼛 서 있었다.

"여기예요! 들어와요!"

실내 놀이터 테이블에 앉아 있던 클레어가 손짓을 한다. 들어가니 다른 엄마들에게 나를 소개해주었다.

"여기는 한국에서 온 린이야. 1학년과 4학년인 아이들이 있대. 여기는 그레고리 엄마 니콜라, 같은 학년이지?"
"반가워요."

학년마다 한 반만 있는 작은 학교라 학년만 이야기해도 모두 안다.

"너희들 BTS 알아? 요즘 굉장히 유명한 한국 남자그룹이래. 린, 한국에서도 유명해요?"
"음… 난 관심이 없어서 잘 모르는데, 아마 요즘 전 세계적으로 인기가 많은 것 같더라고요."
"우리 조카가 좋아한대요. 팝이 아닌 다른 언어의 노래가 인기가 많다는 게 신기하고 놀랍더라고요. 영국 팝은 많이 알고 있나요? 지금 나오

○ 규모는 크지 않았지만 놀거리가 많았던 놀이공원

○ 어색한 엄마와는 달리 아이들에겐 즐겁기만 한 플레이데이트

는 노래 스파이스걸스인데… 오래된 노래이긴 하지만."

"그럼요. 제가 학교 다닐 때 꽤 유명했어요."

"정말요? 신기하네요. 영국 팝이 한국에서도 인기가 많다니."

클레어는 굉장히 사교적이었다. 대화 주제를 한국의 인기그룹에서 시작해서 영국 팝까지 자연스레 이끌어가는 것도 인상적이었는데, 문제는 나였다. 스파이스걸스가 영국 그룹인 줄 방금 알게 된 것이다. 팝송을 좋아하긴 하지만, 영어로 된 노래는 당연히 미국인 가수가 부른 것이라고 생각했다. 실내 놀이터에서 노래가 나올 때마다 내게 그 가수를 알고 있는지, 한국에서 유명한지 물어보는데 정말 식은땀이 났다.

"으응, 유명해요. 많이 들어본 곡이네요. 근데 내가 가수 이름을 잘 기억을 못해서…."

아는 노래지만 가수는 영국인인 줄 몰랐다는 말은 차마 할 수 없었다. 외국인들과 얘기하다 보면 한국, 중국, 일본을 거의 구분하지 못하고, 특히 한국 문화에 대해서는 모르는 사람들이 많다. 위치도 몰라서 "중국 근처야. 일본 옆이야."라고 말한 적도 많다. 한국(Korea)에서 왔다고 하면, "북한(North)? 남한(South)?"이냐고 묻는 것이 다음 질문이다. 그게 답답하고, 야속했는데 남의 말할 처지가 아니다. 나도 당연히 미국과 영국 문화를 비슷하다고 생각하거나 대부분의 영화, 드라마, 팝 문화를 미국 것이라고 생각했으니 말이다. 최소한 영국에 오면서 인기 드라마나 노래 정도는 알고 왔어야 했는데, 내 머릿속 영국 문화는 셰익스피어와 비틀스에 머무르고 있었다. 영화 〈보헤미안 랩소디〉를 보러 간다는 과외 선생님 제시의 말을 듣고, 또 깨달았다. 아, 퀸(Queen)이 영국 밴드였구나. 미안해요, 영국 가수들.

교육에 관한 엄마들의 수다

학교 행사 후 티타임을 제공해 주는 날이었다. 자연스럽게 엄마들과 인사를 나누며 차를 마시게 되었는데 한 엄마가 내게 물었다.

"린, 여기 학교는 어떻게 알고 오게 되었나요? 큰 도시도 아니고 유명한 학교도 아닌데 유학 온 한국 학생들이 있어서 신기해서요. 교장 선생님이 외국 학생 유치를 위해 적극적으로 홍보하기는 하지만, 사실 이곳이 공부를 많이 시키는 학교는 아니거든요."

보딩스쿨에는 한국인을 비롯한 홍콩, 중국 유학생들이 있었다. 하지만 초등학교에서는 우리 아이 둘만 외국인이고 아빠 없이 엄마만 온 경우라 궁금한 모양이었다.

"전에 다른 나라에서 영국계 국제 학교를 보냈거든요. 아이들이 영국 문화에 익숙하기도 하고, 영국에서 새로운 경험을 쌓게 하고 싶어서 알아봤어요. 영국에 살고 있는 한국 엄마들의 온라인 커뮤니티가 있어서 거기서 정보도 얻고, 구글 검색도 해서 직접 입학 문의했죠. 그런데 다들 왜 사립학교에 보내는 거죠? 근처에 공립학교가 없나요?"

"사실 이 동네 공립학교들이 좋지 않아요. 아이들도 거칠고, 왕따도 많고. 그에 비해 지금 학교는 아이들은 다 착하고 친절하죠. 다만 공부를 많이 안 시키는 편이라 남편은 아이가 중학생이 되면 다른 학교로 옮기자고 하더라고요. 아이는 싫어하지만."

영국도 학군을 따지고, 학교에서 공부를 많이 안 시켜서 부모가 걱정을 한다는 말에 놀랐다. 막연히 외국은 자유롭게 공부하고, 대학 입학시험 스트레스도 거의 없을 것이라 생각했다. 한국만 유난히 그런 줄 알았는데, 영국도 그렇다고 한다.

"영국도 대학 이름이 중요한가요? 다들 좋은 대학 가려고 공부도 많이 시키고요?"

"당연하죠. 케임브리지나 옥스퍼드는 정말 꿈의 학교에요. 각 주(county)마다 좋은 대학들이 있고, 부모들은 그런 곳에 아이들을 보내고 싶어하죠."

"학원을 보내거나 과외도 시키나요?"

"학원이 뭐죠?"

"나 알아, BBC에서 한국 교육 다큐멘터리를 본 적이 있어. 학교 수업이 끝나면 한국 학생들은 학원을 간대. 거기서 수업을 받는 거지."

갑자기 생각이 났다는 듯 옆에서 한 엄마가 거든다. 그러고는 한참 다큐멘터리 이야기를 해준다. 다들 놀라며 그게 정말 가능한 일인지 의아해했고, 자연스레 우리의 화제는 교육으로 넘어갔다.

"하루 종일 공부만 한다고요? 아이들이 어떻게 잠을 자지 않고 늦게까지 집 밖에서 공부를 할 수 있어요? 오 마이 갓!"
"다 그런 것은 아니지만, 대부분 고등학생들은 밤늦게까지 공부해요. 정규 수업 마치고 따로 학원에 가거나 개인 과외를 받는 학생들도 있고, 학교에서 늦게까지 자율학습을 하기도 해요. 영국은 그렇지 않나요?"
"보통 학교는 4시 전에 다 끝나고 학원이라는 것도 없어요. 과외는 받는 아이들도 있겠지만 대부분의 아이들은 그렇지 않아요. 학교에서 배우면 되잖아요."
"학교에서 배워도 잘 이해가 안 될 수 있으니까. 그리고 미리 상위 학년의 공부를 배워놓기도 해요."
"정말요? 왜 미리 배워요?"

학원과 과외 시스템에 관해 한참을 이야기했다. 영국에는 따로 선행학습에 대한 문화가 없어서 부족한 영어로 설명하는 데 애를 먹었다. 짧은 영어 탓에 나의 의도가 정확하게 전달되지 않은 것도 있겠지만, 결론은 학교에서 가르치기도 전에 따로 미리 배운다는 것을 이해하지 못하는 표정이었다.

"영국은 어떤 전공이 인기인가요? 의대?"

"글쎄요, 아이들마다 다르니까. 보통 컴퓨터나 IT 관련 전공이 인기가 많죠. 그쪽이 취업 기회가 많고요. 의사는 잘 모르겠네요. 돈은 많이 벌지만, 일도 많이 해야 하고 여유가 없잖아요. 스트레스가 얼마나 많은데요."

"재수하는 아이들은 없어요? 원하는 대학을 가기 위해 일 년 더 공부하는 거요."

교육 이야기가 나온 김에 대학 입학에 대해서도 물어봤다. 다들 원하는 대학에 진학하기 위해 일 년을 꼬박 공부만 한다는 것을 이해하지 못했다. 원하는 대학에 바로 진학하지 못했더라도 파트타임을 하면서 경력을 쌓고 공부를 하는 것이 대부분이지, 오직 대학 입학시험을 위해 공부하는 경우는 들어본 적이 없단다. 얘기를 나누다 보니, 전반적으로 영국은 한국보다 대학을 들어가기 위해 애를 쓰지는 않는 분위기였다. 그리고 좋은 대학을 가기 위해 노력하더라도 온전히 책상에 앉아서 공부만 하는 것은 아니었다. 꼭 대학 입학시험을 치르지 않아도 대학에 들어가는 방법이 다양했다. 우리나라 입시로 따지면 수시나 편입제도 같기는 했는데, 그것도 한국만큼 경쟁이 치열하지 않은 것 같았다.

"영국에선 무엇보다 다른 사람들의 학력이나 직업에 관심이 없어요.

내 아이들에 대해서도 마찬가지고요. 어느 대학에 가고, 어떤 직업을 가지면 좋겠다는 생각은 할 수 있어도 아이에게 강요하지 않죠. 다른 아이들이 어느 대학을 가는지는 궁금하지도 않구요."

"음… 한국 사람들도 궁금해서 그렇다기보다 그냥 좋은 대학을 가면 더 좋은 취업 기회가 많으니까 그런 것 같아요. 내 아이들이 보다 좋은 직업을 구해서 행복해지기 바라는 건 부모라면 누구나 그러지 않을까요?"

"10년 이상을 공부만 하는 것만 봐도 별로 행복해 보이지 않는데요. 아이들도 미래의 행복을 위해 당연히 그렇게 공부해야 한다고 생각하나요?"

결국에는 나의 언어적 한계와 영국 엄마들이 전혀 알지 못하는 한국의 상황 때문에 우리의 대화는 평행선이 되어버렸다. 내가 알게 된 사실은 영국도 역시 좋은 대학을 가기 원하지만 그것만을 목표로 아이를 몰아붙이지 않는다는 것이다. 또 아이의 성적을 있는 그대로 받아들이는 것 같았다. 자식을 객관적으로 본다고 할까. 자식의 성적에 일희일비하지 않는 느낌이었다. 영국 엄마들과 대화를 나눈 후 과외 선생님 제시와도 같은 주제로 이야기를 나누었다.

제시의 말에 따르면 영국에서는 좋은 대학을 나왔다고 사회적으로 특별히 존경이나 혜택을 받거나, 안 좋은 대학을 나왔다고 무시하는 분위기는 분명 아니라고 했다. 취업에 있어서도 출신 학교보다 관련 경력과 경험이 더 중요하고, 일반적으로는 다른 사람의 직업과 학력에 대한 관심이 거의 없다고 한다. 나는 우리나라가 과도하게 학력에 집착하는 문제의 근원은 직업에 대한 차별 때문이라 생각한다. 학창 시절에 열심히 공부한 사람은 좋은 직장, 높은 연봉으로 보상받아야 하고, 그렇지 않은 사람은 열악한 근로 환경에서 낮은 연봉을 받는 것이 당연하다는 생각을 하는 사람이 많다. 영국의 경우 모든 근로자는 한 해 5주 이상의 유급 휴일을 받을 수 있고, 한 주 근로시간이 48시간을 넘지 않는다. 그리고 건설이나 청소, 운전, 미용처럼 사람이 직접 몸이나 기술을 사용하는 직업은 급여가 높은 편이다. 전통적으로 계급사회의 성격이 있기는 하지만 서로 직업에 대해 존중하는 문화와 인식이 바탕에 깔려 있어 특정 직업을 특별히 귀하게 여기지도, 멸시하지도 않는 분위기다. 특정 직업과 대학을 위해 앞만 보고 무작정 달릴 이유가 크지 않은 것이다.

우리 아이가 자랐을 때 한국도 그런 사회가 되길 바란다. 어떤 직업을 갖든 사람답게 안전한 환경에서 존중받으며 일했으면 좋겠다. 또 어느 지역에 살든 기본적인 인프라가 충분히 갖추어져 특정 지역으로 인구가 몰리거나 다른 지역에 사는 사람들이 상대적인 박탈감을 느끼지 않았으면 좋겠다. 그런 미래가 보장된다면 아이의 성적과 대학에 좀 더 여유로워지고, 있는 그대로의 내 아이를 받아들일 수 있지 않을까?

아이를 키우는 일은 어떤 엄마가 되어야 할지에 대한 고민의 연속이다. 내 아이들이 공부에 흥미가 없고, 대학 진학을 안 하겠다고 한다면 어떻게 받아들여야 할까. 오늘도 결국 아이에게 소리를 지르고야 말았다. "너 한국 아이들이 얼마나 수학을 잘하는 줄 알아? 이것도 못 풀면 한국에서 꼴찌야!" 늘 이상과 현실의 사이에서 딜레마에 빠진다.

영국 학교의 수준별 수업

영국 수업 방식 중에서 가장 큰 특징은 수준별 수업이다. 초등학교는 잘 모르지만 한국의 중학교와 고등학교에서는 영어, 수학 수준별 수업을 한다. 지금은 학교 상황에 따라 다르지만, 10년 전에는 수준별 수업이 교육부 중점 사업이라 거의 모든 학교에서 수준별 수업을 했다. 목적과 취지는 학생들 수준에 맞는 교육을 위한 것이었지만, 수업은 수준별로 하고 평가는 일괄적으로 할 수밖에 없는 한국 교육의 현실적 문제로 지금은 그 의미가 흐지부지해졌다.

영국 초등학교는 한국처럼 다른 반에서 각자 다른 선생님과 수업을 하는 것이 아니라 학급 내에서 이루어진다. 주로 영어(영국에서는 국어)와 수학 수업을 수준별로 하는데, 수업 시간에 자기 수준에 맞는 그룹에서 공부를 하는 것이다. 수업은 일괄적으로 진행되지만 그룹별로 수업 시간에 해야 하는 과제가 다르다. 숙제뿐 아니라 테스트도 다르다.

베트남에서 아이들을 국제 학교에 처음 보냈을 때는 수준별로 수업하는 것에 대해 전혀 알지 못했다. 영국 학교는 학부모를 초대하여 수업을 보여주는 오픈클래스(참관수업)가 없다. 상담 때도 아이가 수준별 수업을 받고 있고, 어느 수준의 그룹에 속하는지 선생님이 따로 말해준 적이 없었다. 우연히 한국 엄마들과 모임에서 누구는 무슨 과목에 어떤 그룹이고, 잘하는 그룹에 속해 있는 아이가 누구인지 알게 되었다(역시 야무진 여자아이를 둔 엄마들에게 학교 소식을 듣는다). 학교에서는 공식적으로 수준별 수업이라고 말하지 않고, 등수도 매기지 않는다. 수업 시간에 나는 A 과제를 풀고, 너는 B 과제를 푸는 것으로 이해하는 것이다.

이런 환경에서 교육을 받아온 아이에게 집에서 한국 수학을 가르치다가 "너 이러면 꼴찌야." "너 지금 30점이야. 이게 무슨 점수야."라고 다그치면, 아이는 "엄마 꼴찌가 뭐야?", "30점 받으면 안 되는 거야?"라고 대답한다. 학교에서 테스트 결과나 과제 피드백을 받아온 것을 보면 점수나 등수를 표시하지 않는다. 영국은 상대적인 평가가 아닌 온전히 학습자 능력만 보는 절대평가여서, 점수와 등수라는 개념이 아이에게 와닿지 않은 것이다.

한국의 교육 제도와 평가 방법이 아무리 다양해지고 변화한다 해도, 결국은 한 줄 세우기다. 선착순인지, 키순인지, 가나다순인지만 다를 뿐이다. 수준별 수업을 해도 결국은 수준이 다른 아이들이 같은 시험을 쳐야 하는 것도 이 때문이다. 배운 만큼 수준별로 다르게 시험을 보면 한 줄 세우기가 아닌 여러 줄이 만들어진다. 한국에서 수준별 수업이 의미가 없고, 실패한 이유다. 하반에 있는 아이들이 자세히, 천천히 배우고 따라가도 결국 어려운 시험 앞에 받는 점수는 제자리다.

큰아이는 영어는 그룹 2에서, 수학은 그룹 1에서 공부한다고 한다. 어느 그룹이 잘하는 그룹인지는 모르겠다. 그룹 내에서도 과제가 빨리 끝난 아이들은 다른 친구를 도와주기도 하고, 개인 과제를 더 받기도 한다. 수준별이지만 동시에 협동하는 수업을 하는 것이다. 자신의 수준에 맞게 공부하는 모습이 편해 보인다. 아이가 못하는 그룹에 있다면 더 열심히 해서 잘하는 그룹으로 보내고 싶을 텐데, 여기는 그런 경쟁이 없다. 점수와 경쟁이 없는 학교를 다니는 아이의 모습이 행복해 보이다가도 한국 스타일에 적응해야 한다고 생각하니 안쓰럽다.

일상에서 배우는 기부 문화

학교에서 유난히 기부(donation) 독려나 관련 행사 메일이 많이 온다. 물론 큰 금액은 아니고 1파운드 내외긴 하지만, 학교에서 대놓고 기부 행사를 한다는 게 문화 충격이었다. 아이들을 영국 학교에 보내면서 방학을 제외하고 12주 동안 받은 기부 관련 메일만 7통이었다. 2주에 한 번 꼴로 기부해달라는 요청을 받은 셈이다.

9월 말에는 맥밀런 암 후원단체에서 매년 개최하는 영국 최고의 기부 행사인 '맥밀런 커피모닝(Macmillan Coffee Morning)'이 있다. 학교뿐 아니라 지역 도서관과 카페, 교회에서도 컵케이크와 차를 판매한다. 마트는 물론 오프라인에서도 커피모닝 키트(맥밀런 로고가 있는 접시나 냅킨이 들어 있다)를 판매할 정도니 규모가 꽤 큰 기부 행사다. 학교에서는 PTA(Parents & Teachers Association)에서 직접 케이크를 구워서 아이들에게 판매한다. 동네 곳곳의 티룸에서도 맥밀런 특별 티세트를 판매하고 있었고, 동네 교

○ 지역 도서관에서 열린 '기부의 날'

○ 괴상한 머리를 하고 기부하는 'whacky hair day'

회에서도 커피모닝이 열렸다. 마치 마을 전체가 커피모닝을 하는 느낌이었다.

10월에는 추수감사절(Harvest Fest) 행사가 있다. 미국의 추수감사절(Thanksgiving Day)과 비슷하다고 생각했는데, 영국에서는 추수감사절은 따로 챙기지 않는 행사였다. 교회에서 종교적인 의미로 추수 감사 예배를 할 뿐 가정에서 특별히 챙기는 행사는 아니다. 아이들 학교가 기독교 재단이라 추수 감사 예배에 올릴 음식을 가져오라는 메일을 받았다. 기부를 할 수 있는 음식은 통조림이나 시리얼처럼 보관이 가능한 것이었다. 추수 감사 합창 공연이 있어서 교회에 갔더니 재단 옆에 통조림이 탑처럼 쌓여 있었다. 공연을 마치고 나오니 입구에서 아이들이 작은 통을 들고 기부금을 받고 있었다. 취지가 어떻든 아이들을 내세워 기부금을 받게 하는 게 불편했다. 하지만 예배에 참석한 부모들과 교회 신자들은 기꺼이 작은 동전이라도 아이들이 들고 있는 통에 넣어주었다. 10월 중순 무렵에는 '교복 입지 않는 날(Non uniform day)'이라고 기부금 1파운드를 준비하라는 메일이 왔다. 11월에는 '땡땡이 옷 입고 오는 날(Spotacular day)', '괴상한 머리 스타일로 오는 날(Whacky hair day)'도 있었다. 모두 아동 단체 기부 행사이다. 아이들은 하루를 재미있게 보내고 기부도 한다. 아이들뿐 아니라 부모들도 기부할 수밖에 없는 분위기다. 뭔가 강제적이긴 하지만 자유롭고 재미있는 행사 그 자체다.

자선 행사나 지역 축제(fayer)에서도 기부가 빠지지 않는다. 바로 행운권 추첨(raffle)이다. 행사 입구에서 색깔별로 숫자가 적힌 종이를 판매하는데, 행사 중간이나 마지막에 추첨을 해서 상품을 준다. 물론 이 상품들도 모두 상점이나 개인으로부터 기부를 받은 것이고, 수익도 다른 단체에 기부된다. 크리스마스에는 여러 물건들이 포장된 크리스마스 바구니(hamper)를 판매하는데, 중고 가게마다 기부물품으로 바구니를 만들고 행운권을 판매해서 당첨자에게 상품으로 준다. 영국은 이렇게 기부 이벤트가 일상인 나라다. 따져보지는 않았지만 영국에 있는 동안 기부한 것만으로도 30파운드는 족히 넘을 것이다.

한국은 개인적으로 단체에 정기적인 후원은 하지만, 학교나 공공기관에서 주최하는 기부 행사는 거의 없다. 내가 학생 때 해본 기부라고는 매년 겨울, 결핵 협회의 크리스마스실(Christmas seal)이나 사랑의 열매를 사는 정도였다. 예전에는 학교에서 모금하는 것에 강제성이 있었는데, 부작용이 많아서 그런지 요즘은 홍보도 거의 없고 개인적으로 자유롭게 하는 분위기다. 이에 비해 영국은 학교에서 2주에 한 번 꼴로 '기부금 1파운드를 준비해주세요.', '기부 물건을 보내주세요.'라고 메일이 온다. 기부는 이들에게 자연스럽고 당연한 문화다. 학교뿐 아니라 지역 내에서도 기부금 후원을 위한 파티나 모임이 많다. 마을 회관이나 교회에서도 정기적인 후원 커피모닝 행사가 있고, 지역 도서관에도 '도서관의 날'이 있어 그날 도서관 이용객에게 차와 케이크를 제공하고 돈이나 책 기부를 받는다. 나도 자주 이용하는 도서관에 한국에서 가져간 원서들을 기부하기도 했다. 중고 가게도 물건을 판매하긴 하지만, 기본 취지는 기부다. 많은 사람들이 개인 물건들을 기부하고, 기업이나 단체에서도 새 물건들을 중고 가게에 정기적으로 기부한다.

솔직히 처음에는 기부 독려 메일이 부담스럽기도 하고, 아이들에게 돈을 가져오라고 하는 것이 교육적이지 않다는 생각도 들었다. 하지만 기부 행사에 다녀오면 아이들에게 그 자체만으로도 즐거운 하루가 되었다. 또 행사를 즐기는 것을 넘어 기부의 취지에 대해 교육을 받고 오는 것에도 큰 의미가 있다. 학교에서 친구들과 재미있는 이벤트를 하고, 다른 사람을 돕는다는 것에 어릴 적부터 관심을 가지게 되는 것이다. 유명하고 돈이 많은 사람들의 통 큰 기부도 중요하고, 개인적으로 소소하게 하는 후원도 우리 사회에 필요하다. 이렇게 영국은 어릴 적부터 적은 금액을 기부하고 즐겁게 하루를 보내는 문화와 교육이 있었다.

어느덧
한 학기를 마치며

12월의 학교는 크리스마스 행사로 바쁘다. 수업 시간에는 크리스마스카드와 재림달력(Advent Calender)을 만든다. 친구들과 가족들을 위해 카드를 만들고, 자기만의 달력에 날짜마다 받고 싶은 선물을 그리거나 소원을 적는다. 12월 영국 교육과정은 크리스마스로만 가득 차있나 싶을 정도로 관련 행사로 바쁘다. 크리스마스 스웨터(영국식 영어로는 jumper)를 입고 학교에 가는 '크리스마스 점퍼데이'도 있고, 각자 간단한 스낵을 가져가는 파티도 있다.

영국 생활 초보 엄마는 12월 내내 준비물을 챙기느라 바빴다. 평소 연필이나 공책조차 챙길 필요가 없어 느긋하게 있다가 갑자기 행사로 뭘 보내거나 입혀달라는 메일이 오면 마음이 바빠진다. 스포티한 옷을 입혀 보내라는 메일에 당연히 편안한 차림의 옷을 입혀 보냈더니 'sporty'가 아니라 'spotty', 점이 있는 옷을 입혀 보내는 날이었다. 점퍼데이 때도 크리스마스와 어울리는 점퍼를 사야 하나 고민하다가 스웨터라는 것을 알고 급하게 온라인으로 주문했다. 그런데 이번에는 간단한 스낵을 보내라고 하니 괜히 실수하지 않을까 고민이 됐다. 한참 검색하다가 크리스마스에 먹는다는 민스파이(mince pie)를 보냈다. 영국에서는 크리스마스부터 12일 동안 매일 민스파이를 한 개씩 먹으면 새해에 행운이 온다고 한다. 크리스마스이브에 산타클로스를 위해 민스파이와 와인 한 잔을 트리 밑에 둔다니 영국에서는 의미가 큰 디저트이다. 크리스마스 전이었지만, 아이에게 영국 간식을 먹어보게 하려고 보냈다. 유난히 단 영국 디저트를 좋아하지 않는 아이는 집에 와서 왜 그리 맛없는 것을 보냈냐고 투덜댔지만 말이다.

크리스마스캐럴 공연도 영국에서 빠질 수 없는 행사다. 캐럴은 14세기 영국에서 크리스마스에 신을 찬송하기 위하여 부르는 종교 가곡으로 처음 시작되었다고 한다. 아이들이 학교에서 배웠다는 멜로디가 익숙한 캐럴도 대부분은 예수님의 탄생을 축하하는 종교적인 가사를 담고 있었다. 우리나라가 불교와 유교의 영향을 받은 것처럼 영국의 명절 역시 기독교의 영향을 받은 것은 당연한 일이지만, 성당에서만 볼 수 있었던 아기 예수의 구유를 일반 영국 집의 정원에서도 볼 수 있어서 신기했다.

아이들은 주위 학교들과 연합 캐럴 공연에 참가했고, 지역 양로원과 교회에서도 캐럴을 부르러 다니느라 바쁜 12월을 보냈다. 특히 둘째 아이는 뮤지컬 공연 준비까지 했다. 예수님의 탄생을 모티브로 한 뮤지컬 공연인데, 영국 학교들마다 크리스마스 공연으로 많이 하는 작품이라고 한다. 주로 저학년 아이들이 많이 하고, 학교에서도 유치부에 해당하는 리셉션과 year 1, year 2 학생들이 준비하고 있었다. 집에 와서도 혼자 웅얼거리며 노래 부르고 춤을 추는 것을 보니 제법 뭔가를 열심히 하는 것 같았다.

12월 마지막 주엔 부모들을 초대하는 공연과 티타임이 있었다. 공연 제목은 'Hey Ewe', 아이가 맡은 역은 양치기(shepherd)다. 주목받을 만한 대사는 없었지만 고개도 열심히 흔들고, 상황에 맞게 율동을 하는 것을 보니 대견했다. 사진과 동영상으로 기록하고 싶었지만 모든 촬영이 금지되어 있어서 아쉬웠다. 학교에서 하는 모든 공연의 촬영이 금지되어 있기도 하지만 평소 학교 행사 때 아이들의 사진을 찍는 사람이 거의 없다. 아이들의 매 순간을 남기고자 하는 우리와는 다른 것 같다. 그냥 그 공연을 즐길 뿐이다.

학기의 마지막 날에는 한 학기 동안 함께 지낸 친구들과 선생님, 학교 스텝을 위해 작은 선물을 준비했다. 한국 전통 문양과 캐릭터가 있는 스티커와 컵 받침대, 한국 지역과 지도가 그려진 엽서, 모두 한국에서 미리 기념품으로 가져온 것들이다. 영국 친구들에게 조금이라도 한국이라는 나라를 알려주고 싶은 마음에 준비했다. 큰아이는 반 아이들의 특징을 곰곰이 생각하며 정성껏 엽서를 썼고, 자기 이름도 겨우 쓸 줄 아는 작은아이도 11명의 반 친구들을 위해 삐뚤빼뚤 'Good bye, I will miss you.'라고 엽서에 썼다. 우리 아이들이 준비한 것들은 송별의 의미였는데, 영국에서는 마침 크리스마스 기간이라 친구들은 물론 선생님과 스텝들로부터 크리스마스카드와 작은 선물을 많이 받아왔다. 단체 사진이 새겨진 컵과 티셔츠까지 받아온 아이들은 친구들과 헤어지는 것이 아쉽다고 눈물까지 보였다.

○ 자선과 캐럴 공연으로 바빴던 12월

○ 친구들에게 받은 크리스마스카드와 선물

○ 영국 친구들을 위해 준비한 선물

한 학기가 어떻게 지나갔는지 모르겠다. 아이들은 한 번도 아프지 않고 즐겁게 학교에 다녔고, 친구들과 선생님도 모두 짧은 기간 머물다 가는 외국인 학생에게 친절하게 대해주었다. 영국 단기 스쿨링은 아이들뿐 아니라 내게도 잊지 못할 경험이었다. 한국에서보다 지식은 많이 쌓지 못했지만, 많이 뛰고 넘어지며 몸으로 배웠다. 나도 영국 부모들을 만나고 학교 행사에 참여하면서, 책으로만 배웠던 영어와 영국 문화 그 이상으로 많이 배우고 느낄 수 있었다.

03

여행이 일상이 되다

모든 자연이 놀이터였던 웨스트워드 호!

우리의 베이스캠프는 웨스트워드 호!(Westward Ho!) 지역이었다. 특이하게도 지명에 느낌표가 있다. '가자! 서쪽으로'라는 뜻인데, 옛날 선원들이 썼던 표현이라고 한다. 항해사의 외침을 그대로 나타내기 위해서 지명에 느낌표가 있는 게 참 재미있다. 집 앞 바다를 보면 서쪽으로 항해하는 배와 선원들의 외침이 들리는 것 같다. 영국의 찬란했던 역사와 함께.

이곳에서는 하루에도 몇 번씩 하늘을 보게 된다. 일부러 고개를 들어 올려다보는 것도 아닌데 늘 하늘을 보게 되었다. 하늘이 그냥 눈앞에 펼쳐져 있기 때문이다. 해도 눈앞에서 지고, 구름도 눈앞에서 움직인다. 주위에 높은 건물이나 풍경을 가로막은 것이 없어서 1층에서도 이 모든 것을 볼 수 있어 너무 좋았다. 매일 다른 그림을 보는 것 같다. 어둑어둑한 새벽부터, 해가 뜨기 시작하는 아침 무렵, 오전쯤 구름이 걷히면서 드러나는 파란 하늘, 하루에도 몇 번씩 바뀌는 구름의 모양과 색깔까지

○ 집 앞에 펼쳐진 바다

○ 노을이 가장 아름다운 곳, 웨스트워드 호!

자연이 매일 다른 그림을 그려 선사한다. 이곳에 머문 동안 찍은 사진들을 보면 매일 같은 위치에서 찍어도 똑같은 풍경이 하나도 없었다.

영국에서 지내는 동안 잊고 있었던 어릴 적 생각이 많이 났다. 아침밥을 차리는 엄마의 도마 소리와 따뜻한 밥 냄새가 집안을 채우던 아침, 당시 동네에서 유일한 이층집이었던 우리 집 옥상에서 친구들과 구름이 움직이는 모습을 바라보았던 어릴 적 모습, 여름이 지나고 점점 해가 짧아질 무렵의 저녁 냄새와 저녁밥 먹으러 하나둘씩 집으로 돌아가는 아이들 모습이 떠올랐다. 다른 시간, 다른 공간에서 30년이 훌쩍 지나간 일들이 마치 어제의 것처럼 생생하게 생각났다. 이곳에서의 시간들은 참 평화로웠다. 10살과 6살인 아이들은 지금은 느끼지 못하겠지만, 30년 뒤 문득 어릴 적 영국 냄새가 생각나는 때가 있을 거라 믿는다. 그리고 그 기억과 냄새가 아이들에게 살아가는 힘이 될 것이다.

어느 주말에 느지막이 일어나 아침인지 점심인지 모를 끼니를 때우고 마당으로 나가 건너편 바다 상태를 살펴본다. "엄마, 썰물이야. 바다 가자!" 물이 빠지기를 기다리던 아이들은 신나서 뜰채를 챙긴다. 용케도 리셉션 직원들에게 물어서 가져왔다. 바다를 가려면 산책길을 따라 걸어갈 때도 있고, 수많은 돌을 넘어 바다가 있는 쪽으로 가로질러 가기도 한다. 길을 따라 걸어가면 산책하는 사람들과 개를 만나서 반갑고, 돌이 많은 쪽으로 건너갈 때는 간혹 미끄러지기도 하지만 이름 모를 조개들이 돌에 붙어 있는 모습을 볼 수 있어 재밌다.

나는 고향이 부산인데 바다를 그다지 좋아하지 않는다. 내 기억 속 바다는 여름에 맨발로 다니기에 뜨거운 해운대 해변과 바람이 많이 불어

○ 주위를 둘러싼 모든 곳이 아이들의 놀이터였다

머리카락이 엉켜서 떡이 진 머리를 만들어주는 겨울의 광안리뿐이다. 어른이 된 후에 해안가를 드라이브하고 해변의 커피숍은 다녔어도 직접 바다로 내려가 걸어본 적이 없는 것 같다. 모래가 참 싫었다. 그 까슬까슬한 느낌이, 아무리 털어도 발가락 사이에 묻어 있고 물로 씻고 나면 욕조 구멍에 모여 있는 그 잔여물이 싫었다. 그런 내가 아이들 때문에 주말마다 바다를 찾았다. 처음에는 그냥 바다에서 멀찍이 떨어져 물이 들어오지 않는 바위 위에 앉아만 있었다. 그러나 물이 순식간에 빠지고 아이들이 내 시야에서 멀어져 놀기 시작하자 어쩔 수 없이 바지를 걷어 올려볼 수밖에 없었다. 바닷물을 흠뻑 머금은 모래의 느낌이 부드럽다. 소금기가 거의 없는 이곳의 바닷바람은 가볍고 깨끗하다. 서핑을 즐기는 젊은이들과 맨발로 산책하는 연인들, 발가벗고 뛰어노는 어린아이들, 주인이 던지는 공을 따라 이리저리 뛰어다니는 개들까지. 그림 같은 평화로운 주말 오후다. 바다에서 놀다 보면 가끔 다른 지역에 사는 학교 친구들의 가족도 만난다. 우리는 딱히 갈 곳이 없어 가는 집 앞 바다인데, 주말마다 주차장에 꽉 찬 차들을 보니 꽤 유명한 휴양지 같기도 하다.

두 아이의 생일을 모두 영국에서 맞이했다. 그날도 이렇게 바다에서 종일 노는 걸로 생일을 보냈다. 미역을 구할 수 없어 미역국도 못 끓여주고, 주말에는 거의 열지 않거나 열더라도 일찍 닫아버린 식당 때문에 특별 외식도 못했지만, 바닷가에서 하루 종일 놀았던 것만으로 아이들은 최고의 생일이라고 했다. 해변 근처 아이스크림 밴에서 콘 아이스크림을 하나씩 사서 물고, 바다에서 노는 게 우리의 주말 일상이다. 매주 가도 새롭고 놀거리가 많다. 어떤 날은 모래를 쌓아 집도 만들고, 파내어 강도 만든다. 뜰채의 긴 손잡이로 커다란 그림도 그린다. 또 어떤 날은 물 빠진 바위 틈새에 다닥다닥 붙어 있는 바다 고둥을 캐면, 그날 오후 간식거리가 된다. 돌을 쌓아 성벽을 만들기도, 편평한 마른 돌에 그림을 그리기도 한다. 정말 끊임없이 새로운 놀잇거리를 만들어내는 게 아이들이다. 티격태격하며 자주 삐치기도 하는 형제지만 금세 또 힘을 합쳐 바닷물을 나르고, 모래를 퍼 올린다. 집에 가자고 하면 아직 많이 놀지 못했다고 투덜거린다. 아이들이 마음껏 놀았다고 느끼는 때는 도대체 언제인지. 겨우 달래어 집으로 돌아오는 길에 놀이터도 한번 들르고, 집 앞에서 또 2차 놀이를 시작한다. 남자아이들의 에너지는 주체할 수 없다. 비눗방울을 불며 뛰어다니고, 잔디에서 한참 뒹굴다가 저녁 먹으라고 소리를 빽 지르면 그제야 겨우 들어온다.

아이들에게 영국에서 가장 재밌었던 일이 뭐냐고 물으면, 집 앞 바닷가에서 논 거라고 한다. 내가 열심히 알아보고 다녔던 박물관이나 미술관은 생각도 나지 않는 듯했다. 역시 아이들은 몸으로 직접 경험하고 느끼는 것만 기억하나 보다. 외국살이를 시작한다면 꼭 산이나 바다가 가까운 곳을 추천한다. 엄마는 도심보다 할 게 없고 심심할 수 있지만 역시 아이들에게는 깨끗한 공기를 마시며 맘껏 뛰어노는 것이 최고다.

15년 전, 유럽 여행을 할 때 런던 한인 민박에 머물렀던 적이 있다. 일주일 동안 뮤지컬, 박물관, 미술관, 공원 등 부지런히 다녔는데도 못 본 게 너무 많아 아쉬웠다. 한인 민박 주인에게 "런던에 살면서 이렇게 멋진 곳들을 자주 가고, 좋은 걸 많이 볼 수 있으니 부러워요."라고 했더니, "관광객들은 당연히 바쁘게 다녀야 하지만 정작 사는 사람은 몇 년 동안 뮤지컬을 못 보는 사람이 많아요. 박물관과 미술관도 마찬가지고요." 그때는 주인의 말을 이해하지 못했다. 나라면 매일 공원 산책하고, 공연이나 전시를 보러 다닐 것 같은데 말이다. 매일매일 좋은 인프라를 맘껏 이용하면서 살 것 같다. 하지만 막상 영국살이를 시작하니 나도 그 민박 주인과 같은 마음이다. 우리 동네는 특히 런던만큼 볼거리가 많이 없기도 하고, 차도 없는데다 주말에 버스 운행 시간은 더 맞추기 힘들어 어딜 가기가 쉽지 않았다. 그러다 보니 집 근처에서 주말을 보낼 때가 많았다. 그래도 즐겁다. 하늘과 바다, 노을이 있는 마을이라.

책과 함께한
소중한 시간

영국에 와서 가장 먼저 알아본 것은 바로 지역 도서관이었다. 예전에 『영국의 독서 교육』이란 책을 읽은 적이 있다. 영국은 학교는 물론 지역 도서관과 서점 모두 다양한 독서 행사를 통해 아이들이 책과 친해지도록 한다는 내용이었다. 책을 읽으며 영국의 독서 교육에 감동을 받고, 부러워서 영국 도서관의 모습이 궁금했었다. 그 책이 출판된 지 10년이 지난 지금, 우리나라 역시 지역마다 도서관이 있고 주말 프로그램은 물론 방학 프로그램도 알차다. 시설도 깨끗하고 편리해서 아이들과 주말이나 방학에는 거의 도서관에서 살다시피 할 정도로 좋았다. 사실 편리성으로 따지면, 영국의 지역 도서관은 한국만 못하다. 작은 마을이라 그럴 수 있지만 일단 규모도 작고, 우리나라처럼 종일 공부하거나 책을 읽을 수 있는 공간이 별로 없다. 보유하고 있는 책도 한국의 지역 도서관보다 훨씬 적고, 알파벳순으로만 정리되어 있을 뿐 체계적인 번호 시스템도 없었다. 게다가 우리 동네 도

○ 다양한 활동을 할 수 있는 도서관 프로그램

서관은 평일 중 하루와 일요일은 아예 문을 열지 않고, 토요일도 오전에만 이용할 수 있었다. 그렇지만 소소하게 정기적으로 지역 주민을 위한 모임도 있고, 토요일에는 어김없이 아이들을 위한 프로그램이 있었다.

그래서 우리가 주말에 바다 다음으로 많이 간 곳이 바로 도서관이었다. 도서관을 발견하자마자 대출카드를 만들었다. 카드를 만들 때 이메일과 전화번호만 적으면 금방 만들어주고, 여권이나 실제 거주지도 꼼꼼하게 확인하지 않는다. 한국에서는 신분증은 물론 주민등록등본까지 필요했는데, 여기는 그냥 사람을 믿는 시스템인지 사는 곳이 근처라고 하니 특별히 물어보는 것도 없었다. 책은 10권까지 3주 동안 대출이 가능하고, DVD는 1파운드를 내고 일주일 동안 대출할 수 있다. 대출카드를 만들면, 우리 마을이 속한 자치주 내에 있는 모든 도서관에서 이용이 가능하고 도서 연장은 홈페이지에서도 할 수 있다. 도서관에서 정기적으로 운영하는 프로그램도 알아보니 아기들을 위한 오전에 책을 읽어주는 프로그램과 한 달에 한 번 책소풍(Nature Tales)이 있었다. 초등학생 수준의 프로그램으로는 레고와 스크래블 게임, 지역 주민을 위한 북클럽과 IT 수업도 있었다. 방학 때는 아이들을 위한 독서프로그램이 더 다양했다. 우리는 매주 토요일 오전을 도서관에서 보냈다. 레고도 하고 책도 읽고, 가끔 학교 친구와 엄마를 만나 인사를 나누기도 했다.

『영국의 독서 교육』이라는 책에서 읽은 것들을 처음 경험하게 된 것은 베트남 영국계 국제 학교에서였다. 매년 북위크(book week)라는 행사가 있었는데, 일주일 동안 진행되는 학교에서 가장 큰 행사였다. 그 멀리 베트남까지 매년 영국 동화작가가 와서 강연을 하고, 자신의 책을 판매하고 사인을 해주었다. 그리고 학생들은 자신이 읽은 책의 캐릭터 옷을 꾸며 입고 카니발도 한다. 당시 아이는 읽어 본 적이 없던 『마녀 위니(Witch Winnie)』의 '위니'로 코스프레했다. 전혀 읽어 본 적도, 본 적도 없는 캐릭터고, 엄마가 시키는 대로 입었던 복장이었지만 그 이후 그 책에 관심을 가지고 시리즈를 모두 읽게 되었다. 학교에 방문했던 작가를 찾아보기도 하고, 한국에서도 자기가 사인을 받았던 작가의 책을 도서관에서 우연히 발견하고는 신기해했다. 아이들에게 책에 대한 관심을 갖게 하는 유익한 프로그램이다.

영국도 가을은 책 읽기 좋은 계절인지 9월 말부터 10월까지 책과 관련된 행사가 있었다. 학교는 물론 지역 도서관과 마을 전체에서 북페스티벌이 열렸다. 아이들과 함께 집 근처의 애플도어(Appledore)에서 열린 북페스티벌에 가보았다. 마을 회관과 교회 강당, 작은 카페 곳곳에 작가와의 만남은 물론 영화, 연극, 책 만들기 등 남녀노소를 위한 다채로운 프로그램이 일주일간 이어진다. 집에서 차로 10분이면 갈 거리였지만, 버스를 갈아타느라 30분도 넘게 걸려 마을에 도착했다. 도착해 보니 잘못 왔나 싶어 몇 번이고 팸플릿을 확인할 정도로 한산했다. 티켓 오피스는 작은 기념품 가게였다. 이 작은 마을까지 오는 사람이 있을지, 페스티벌이 제대로 진행되는 게 맞나 싶을 정도로 조용해서 걱정했는데 인기 있는 작가의 강연이나 아이들을 위한 오후 프로그램은 거의 매진이었다. 우리가 선택한 것은 2018년에 개봉한 영화 〈피터 래빗〉이었다. 캐릭터는 익숙하지만 영화를 본 것은 처음이었다. 실사 애니메이션이라 정말 살아 있는 것처럼 움직이는 모습에 아이들이 즐거워했다. 비가 내

○ 비드포드 도서관

○ 작가와의 만남

리고 버스 시간을 맞춰야 해서 많이 둘러보지는 못했지만, 아이들은 그 후로 집 앞의 토끼들을 볼 때마다 피터와 벤자민이 왔다면서 반가워했다. 영국의 문학 사랑은 지역 북페스티벌은 물론 학교와 지역 곳곳에서 느낄 수 있었다.

9월의 어느 날, 아이들과 외출하고 점심을 먹기 위해 맥도날드에 들렀다. 장난감이 나오는 키즈 메뉴를 시켰는데, 장난감이 로알드 달(Roald Dahl)의 책이다. 그러고 보니 가게 곳곳에 그의 작품 일러스트가 장식되어 있었다. 이런 장난감을 아이들이 좋아할까 싶었는데, 우연히 두 아이들 모두 요즘 학교에서 로알드 달의 작품으로 수업을 하고 있다며 반가워했다. 나중에 알게 된 사실은 9월 13일이 로알드 달의 생일이라 영국 전역에서 다양한 이벤트가 진행된다고 한다. 이런 독서 이벤트는 유명한 작가에게만 한정된 것은 아니다. 지역 북페스티벌 기간에는 도서관은 물론 각 학교에서도 다양한 독서프로그램을 준비한다. 동화작가가 직접 학교와 도서관에 방문한다. 자연스럽게 작가의 책을 구입하고 사인도 받는다. 작은 출판기념회가 열리는 것이다. 작가뿐 아니라 동화책의 일러스트레이터가 와서 아이들에게 캐릭터 그리는 법도 가르쳐준다. 그림을 잘 그리지 못해서 늘 자신이 없던 큰아이도 '간단하게 공룡 그리는 법'을 배우고 신기하다고 집에서 몇 번이나 연습을 했다.

이야기를 쓰고, 그림을 그리는 것을 직업으로 하는 사람을 직접 만나는 것은 소중한 경험이 된다. 아이들이 책에 관심을 가지게 될 뿐 아니라 작가의 입장에서도 홍보가 된다. 또 아이들이 직업인으로서 작가를 보고 꿈꾸게 된다. 영국 아동 문학이 발전하고, 이야기 속 캐릭터가 세대를 걸쳐 오랫동안 사랑받는 이유도 바로 이 때문인 것 같다. 어린이 프로 채널인 CBB에서도 매일 저녁 6시 50분에 『베드 타임 스토리』를 읽어줄 정도다. 우리 아이들 역시 작가를 직접 만난 이후 그 작가의 작품을 찾아서 읽는 것은 물론 다음 작품의 출간을 기다렸다. CBB에서 읽어줬던 이야기책을 기억하고 다시 도서관에서 빌려 오기도 했다. 영국 동화 작가들이 베트남은 물론 영국계 학교가 있는 다른 나라까지 가서 작품을 소개하고 홍보하는 것이 단지 책 판매를 위한 것이라고는 생각하지 않는다. 어릴 때부터 책과 문학을 가까이하는 영국의 교육과정과 그 교육과정에 참여하는 것이 영국 작가들의 소명의식이 아닌가 싶다. 시기는 다르지만 영국 전역에 북페스티벌(Book Festival)과 문학페스티벌(Literary Festival)이 있다. 영국살이를 하는 동안엔 하지 못했지만 혹시 기회가 된다면 영국 문학기행을 떠나보고 싶다는 꿈이 생겼다.

꼭 책과 관련 있는 것이 아니더라도 도서관은 지역의 문화 공간이기도 하다. 구직 정보를 제공하거나 이력서 쓰는 방법을 가르쳐주는 교육이 있고, 휴무인 날에는 북클럽 모임을 위해 장소와 간단한 간식을 제공한다. 노인들이 많은 지역이라 그런지 노인들을 위한 뜨개질 모임과 보드게임도 있었다. 10월 초에는 데번주 내의 모든 도서관에서 기부 행사로 커피모닝이 있었다. 다 읽은 책 두 권을 기부하고 도서관에서 제공하는 커피와 달콤한 초코케이크 덕분에 기분이 좋아지고 여유로운 아침이었다. 영국살이를 하는 동안 가장 자주 들르고 좋아했던 공간을 꼽자면, 바로 110여 년 전에 한 사람의 기부로 지어진 비드포드(Bideford) 도서관이다.

지역 행사 둘러보기

아이들을 학교에 보낸 첫날, 동네 카페에서 혼자 모닝티타임을 즐겼다. 커피와 베이글을 주문하고 오랜만에 모닝티타임을 즐겼다. 그 더운 여름날에 베트남과 한국에서 꼬박 70일 동안 두 아들과 함께 온종일 있었던 힘겨운 시간들을 보상받는 것 같은 순간이었다. 따뜻한 커피와 버터가 녹아 있는 베이글은 행복 그 자체다. 카페에 비치된 여러 광고지들을 훑어보던 중에 거기서 아주 소중한 보물을 얻었다. 바로 매달 발행되는 지역 소식지였다. 매달 지역에서 하는 이벤트나 모임들이 잘 정리되어 있었다. 그렇지 않아도 다가오는 주말에 아이들과 무엇을 할지 고민이었는데, 마침 주말에 지역 카니발이 있는 것을 알게 되었다. 그것도 영국 전통 파이프 밴드가 참여하는 행사였다. 시간과 장소는 물론 밴드의 입장 순서까지 친절하게 적혀 있다. 영국에서 처음 보는 지역 행사이자 파이프 연주였다. 게다가 밴드가 참여하는 카니발은 영국 남서부에서 비드포드(Bideford)가 유일하다고 하니 얼마나 소중한 행사인가! 이런 행사는 꼭 봐야 한다.

영국에 도착한 이후 처음 맞는 토요일은 하늘이 바다의 푸른빛처럼 빛나던 날이었다. 아이들은 이층 버스를 타게 되어 신이 났다. 집에서 간단히 샌드위치와 과일을 먹고 공원에 가서 카니발이 시작되는 저녁까지 놀았는데, 저녁이 되자 비가 날리기 시작했다. 구름 한 점 없던 하늘에 언제 이렇게 많은 구름들이 몰려왔는지, 역시 영국 날씨는 변덕스럽다. 날씨 때문에 카니발이 취소되지 않을까 걱정했는데, 우산을 쓰는 사람이 하나도 없는 걸 보니 비가 내려도 행사는 취소되지 않는 것 같았다. 카니발에는 10곳이 넘는 지역의 파이프 밴드들이 참여했다. 밴드팀은 청소년부터 머리가 하얀 노인들까지 다양하다. TV로만 보던 스코틀랜드 복장을 하고 파이프를 연주하는 것을 직접 눈앞에서 보고 들으니 신기했다.

밴드 외에도 지역 단체들이 다양한 코스튬을 입고 카니발에 참가했다. 드레스를 입은 아이들부터 해파리 모양의 코스튬을 한 아이들, 영화 〈캐리비안 해적〉에 등장하는 배처럼 꾸민 대형 트럭, 자신의 차를 꾸며 참가한 가족도 있었다. 1시간 30분 정도의 카니발은 눈 깜짝할 새에 그렇게 끝났다. 카니발을 보면서 경찰이 거의 없는 것이 신기했다. 몇몇의 경찰들도 차량을 통제할 뿐 구경하는 사람들을 막고 있지 않았다. 지역 행사의 묘미인 노점상도 없었다. 토요일 오후라 대부분의 상점은 문이 닫혀있기까지 했다. 영국에선 행사가 있든 없든, 가게 사장님들이 주말에도 칼퇴근을 하나보다. 새로운 경험이었지만 뭔가 왁자지껄하고 북적북적한 행사는 아니었다. 그래도 아이들에겐 영국에서의 첫 행사여서 기억에 남았는지 카니발에 다녀온 이야기를 자주 하곤 했다.

9월의 어느 일요일에 학교 방과 후 합창 수업을 하는 학생들이 지역 자선 행사 공연에 참가할 거라는 메일을 받았다. 일주일에 한 번 하는 수업이라 여태 2번 정도밖에 안 한 것 같은데 바로 지역 공연에 참가한다니 신기했다. 아이들이 노래를 다 외우기는 했을까? 지역 행사에서 우리 아이들이 노래를 부른다니 내가 괜히 긴장이 되었다. 공연 시작은 3시인데, 리허설이 있다고 해서 아이들과 2시 30분까지 학교에 갔다. 2시 40분쯤에 강당 문이 열리고 의자와 무대 정리를 시작했다. 공연 20분 전에 무대 정리라니 참 느긋해 보였다. 특별한 사람이 오는지 누군가 앞자리를 비워달라고 하고는 'VIP'라고 적힌 종이를 중앙 앞자리 세 군데에 붙였다. 아이들은 노래할 2곡을 한 번씩 부르는 걸로 리허설을 마쳤다. 자선 행사의 메인은 지역 밴드의 공연이었다. 리허설은 미리 온 관객들이 보는 앞에서 10분 정도 음을 맞추는 정도였다. 공연 5분 전에 훈장과 금을 여러 개씩 몸에 두른 부부가 도착했는데, 그들이 VIP인 것 같았다. 로열패밀리인가 했는데 주위에 경호원 하나 없었다. VIP 앞에서도 밴드는 리허설을 계속한다. 주위에서도 딱히 누가 왔는지 관심이 없는 것 같았다. 그렇게 공연이 시작되었다.

밴드 연주자들은 대부분 머리가 하얀 분들이었다. 서양인들이 동양인들에 비해 나이가 들어 보인다는 것을 감안하고 보더라도 최소 50대 이상으로 보였다. 지역에 젊은 사람이 별로 없는 것인지, 아니면 한 번 시작한 일은 오랫동안 하는 분위기인지 다들 평균 70대로 보였다. 그러나 연주는 너무도 힘이 있고, 웅장하며 멋있었다. 관악기로만 이뤄진 밴드

○ 비드포드 카니발

공연을 눈앞에서 보는 건 처음이었다. 1부 공연이 끝나고, 약간의 휴식이 있었다. 아까 봤던 VIP의 존재가 궁금해서 옆 사람에게 물어봤더니, 이 지역의 시장(mayor)이라고 했다. 시장이면 지역에서 가장 높은 사람이 아닌가! 아니, 시장님(왠지 한국 정서상 '님'을 붙여야 할 것 같다)이 오시는데 경호원도 없고, 지역 유지들로 보이는 사람들의 악수도 전혀 없었다. 심지어 학교 강당의 담당자인 교장 선생님도 자리에 없었고, 시장님이 오셨다는 안내나 소개도 전혀 없었다. 휴식 시간에 시장님은 지역 주민들과 이야기를 나누는데, 시장님은 서 있고 지역 주민은 앉아 있기까지 했다.

더 웃겼던 것은 아이들 합창 공연 때 지휘하는 선생님이 시장님 부인의 바로 앞에 있어서 노래 부르는 아이들이 전혀 안 보이고 지휘하는 선생님의 엉덩이만 보이는 상황이었다. 내 옆에 있던 어떤 부인이 신경이 쓰였던지, 시장님 부인의 어깨를 툭툭 치면서 옆자리로 옮겨서 공연을 봐달라고 했다. 시장님 부인도 그제서야 슬그머니 일어서서 아이들이 보이는 옆자리로 옮겼다. 사장님 부인이 있던 자리는 'VIP'라고 적힌 A4 종이가 반쯤 떨어져 있었다. 우리나라는 시장이 아닌 구청장만 와도 주위 공무원들의 의전이 대단하다. 시장이 참석할 만한 공연이라면 최소한 학생과 공무원들을 동원해서라도 빈자리를 보여주지 않는 것이 예의(?)기도 하다. 그런데 이 행사는 합창하는 아이들의 부모들과 자발적으로 공연을 보러 온 동네 어르신들만 있었을 뿐 자리가 많이 비어 있었다. 보수적이고 전통을 중시하는 영국에서도 그런 예의는 없나 보다. 공연 현수막은 물론 심지어 공연곡이 적힌 종이 팸플릿도 없었다. 사회자도 없이 지휘자가 연주가 끝나면 뒤돌아서서 다음 곡을 소개한다. 이토록 소박한 지역 자선 공연과 일반인 같은 시장님 부부라니. 처음 영국에서 만났던 행사에서 문화 충격을 느꼈다.

지역 박물관과 미술관 탐방하기

주말이 되기 전에 나는 늘 아이들과 어떻게 주말을 보낼지 계획을 세운다. 주말 내내 집에만 있는 것은 아이들에게도 고역이지만, 나도 못 참을 노릇이다. 집 앞 잔디에서 거의 뒹굴다시피 놀다가 신발에 흙을 잔뜩 묻히고 털지도 않고 들어오는 모습을 볼 때마다 이곳이 영국인 것을 잊고 고성을 지른다. “신발은 털고 들어오고, 집에서는 실내화 신으라고 몇 번 말했어!” 처음 몇 번은 아동학대로 신고 당할까 걱정했는데, 나중에는 이 녀석들이 노는 것을 보면서 잡혀가더라도 소리는 질러야겠다 싶었다. 사이좋게 노는 것은 10분 정도뿐 30분 이상은 싸우고, 울고, 때리고, 서로를 이르느라 정신이 없다. 아들 둘과 집에만 하루 종일 있는 것은 엄마에게 고문이나 마찬가지다. 그래서 계획을 잘 세워 주말은 일단 밖에서 보내는 게 서로에게 좋다.

주로 바닷가나 공원에서 시간을 자주 보냈지만, 마냥 놀기만 하는 아이들을 볼 때마다 걱정이 되었다. 어릴 때는 노는 게 공부라고 하지만, 놀아도 뭔가 배움이 있어야 할 것 같은 강박증이 생긴다. 그래서 지역 도서관이나 근처 미술관 행사를 많이 눈여겨보고, 평일에 혼자 미리 가 보았다. 상시 전시가 있기는 하지만 아이들이 좋아할 만한 것은 드물었다. 하긴 예전의 나도 수학여행 때 박물관에 가는 걸 지루하게 여겼다. 도대체 이런 데 왜 오나 싶기도 해서 그림이나 전시가 하나도 눈에 들어오지도 않고 기억이 나지도 않는다. 그랬던 내가 엄마가 되니 그냥 보는 것만으로 도움이 되지 않을까 하는 생각에 박물관을 알아보게 된다. 소박하지만, 체험도 하고 배움도 있고 시간 때우기도 좋은 곳은 역시 박물관과 미술관이다.

아이들이 처음으로 방문했던 박물관은 '해양 박물관(North Devon Maritime Museum)'이었다. 박물관이라고 하기에는 굉장히 작고 소박한 규모였고, 영국의 일반 가정집을 개조해서 만든 것 같았다. 입구에 들어가니 직원이 활동지를 주었다. 큰아이에게는 각 전시실마다 숨어 있는 해적 찾기, 작은아이에게는 활동지에 있는 사진과 똑같은 전시품 찾기 활동지를 준다. 나름의 수준별 활동지다. 지루하지 않을까 걱정했었는데, 아이들은 활동지를 다 적어내면 상품을 준다는 소리에 집중해서 전시실을 돌아다녔다. 그동안 나는 혼자 여유롭게 박물관을 둘러볼 수 있었다.

찬찬히 살펴보니 그 지역의 역사가 담겨 있는 박물관이었다. 옛날에 배를 제작했던 마을이라 배의 역사를 한눈에 볼 수 있다. 배의 제작과정뿐 아니라 영국이 맞은 최고의 부흥기였던 18세기와 19세기의 지역 모습까지 볼 수 있었는데, 놀랍게도 길과 건물은 크게 변함이 없었다. 당

○ 해양 박물관에서 체험하기

시 나는 드라마 〈미스터 션샤인〉을 애청하고 있었다. 세계 강국의 이권 속에서 위기에 놓인 나라의 모습이 그려졌는데, 왠지 영국의 그 웅장한 배들을 보자 서구 열강의 침략이 오버랩 되었다. 저렇게 배를 제작해서, 오랜 기간에 걸쳐 인도로 가서 약탈과 침탈을 했겠지. 작은 박물관이었지만 꽤 많은 전시품과 자세한 설명으로 인해 둘러보는 데 짧지 않은 시간이 걸렸다.

아이들이 박물관 직원에게 물어가면서 활동지를 채우는 동안 나는 고등학교 때 배운 세계사 지식의 조각들을 열심히 맞춰가며 박물관을 돌아보았다. 한 달 뒤, 그 지역의 조선소가 문을 닫는다는 소식을 BBC 뉴스를 통해 알게 되었다. 지속된 불황으로 2019년 3월에 163년 만에 아예 문을 닫는다고 했다. 한 달 전부터 타운의 가게와 관공서마다 '애플도어 조선소 구하기(Save Appledore Shipyard)' 서명 캠페인 홍보물이 붙어 있고, 심지어 학교 공식 페이스북에 교장 선생님이 쓴 서명을 촉구하는 글도 올라왔다. 세계 1위의 한국 조선업 뒤에 영국 산업의 그늘이 있었다고 생각하니 기분이 묘했다. 역시 영원한 것은 없구나. 애플도어 조선소의 역사도 곧 지역 박물관에 기록되겠지. 내가 직접 보고 경험했던 것들이 박물관에 기록되고 보관될 수 있다는 것이 신기하기도, 씁쓸하기도 하다.

10월 초엔 타운의 미술관에서 〈피터 래빗〉 전시회가 열린다는 소식을 접했다. 영국을 대표하는 캐릭터인 피터 래빗을 책이나 만화로 본 적이 없더라도, 캐릭터를 모르는 사람은 없을 것이다. 아이들이 좋아할 만한 전시회다. 입구에 들어서니 피터와 친구들이 놀던 밭이 꾸며져 있었다.

아이들은 당근 모형을 꽂았다 빼기도 하고, 수레에 옮겨 돌아다녔다. 피터의 옷을 입고 돌아다니는 아이들부터 캐릭터를 색칠하거나 북마크를 만드는 아이들까지 모두들 다양한 활동을 하고 있었다. 벽면에는 『피터 래빗』의 작가인 베아트릭스 포터(Beatrix Potter)가 직접 그린 일러스트와 글씨, 100주년 기념주화를 비롯한 각국에서 제작한 관련 상품까지 전시되어 있었다. 아이들뿐 아니라 나도 즐거운 시간이었다. 동화 구연과 컵케이크 만들기 활동까지 모든 것이 무료였다. 런던만큼 규모가 크고 다양한 전시가 자주 열리는 것은 아니지만, 작은 마을에서까지 귀한 전시가 무료로 열리니 참 고마운 일이다. 피터 래빗 외에도 지역 작가의 전시가 테마별로 열려 타운에 나갈 때마다 가볍게 들러 작품을 보곤 했다. 우리가 머물던 시골 마을에서도 런던 못지않게 유익한 문화생활을 즐길 수 있었다.

11월에는 서핑 박물관에 갔다. 우리가 있던 남서부 지방은 대서양 근처의 바다라 적당히 파도도 있어 서핑하기 좋다. 박물관은 일부러 찾아가지 않으면 알 수 없을 정도로 외진 곳에 있었다. 일요일에는 대부분 박물관이 문을 닫는데 이곳은 특이하게 주말에만 열었다. 아마 평일에는 찾아오는 이가 더욱 없어서 그런 것 같다. 큰아이는 학교에서 서핑을 했던 터라 아주 관심 있게 돌아봤다. 이 작은 곳에서도 아이들에게 활동지를 준다. 영국의 모든 박물관에서는 규모가 크든 작든 아이들을 위한 활동이 준비되어 있다. 거창한 활동은 아니지만 뭔가 할 거리가 있고, 보상이 있다는 것만으로 아이들이 박물관을 지루하게 여기지 않는다. 영국 서핑의 역사를 보여주는 사진들과 서핑 관련 잡지, 서핑보드 공정

○ 피터 래빗 동화 구연과 케이크 만들기

○ 서핑 박물관에 가다

과정 등 작지만 알차게 소개한 곳이었다. 아이들은 활동을 마치고 기념품을 받았다. 이렇게 영국에서 박물관을 다니며 소소하게 얻은 기념품이 꽤 많았다. 한 달에 한 번 정도는 버스를 타고 나가 근교 작은 박물관을 돌아다녔다. 런던에 비하면 턱없이 작고 볼 것 없는 곳일 수 있지만 그래서 더욱 알차게 볼 수 있었다. 게다가 박물관에 갈 때마다 우리가 유일한 방문객이었던 적이 많아 아이들은 더 많이 관심과 도움을 받으며 활동을 할 수 있었다. 영국 지방의 역사를 느낄 수 있던 경험들이었다.

앤티크와
빈티지의 나라

영국에 처음 와서 렌트한 집에 도착했을 때, 열쇠를 받고 조금 놀랐다. 카드키도 번호키도 아닌 금속 열쇠였고, 창문도 모두 열쇠로 잠그게 되어 있었다. 처음에는 우리 집만 그런가 했는데, 지나가면서 보니 다른 일반 가정집들의 현관도 모두 열쇠구멍만 있을 뿐이었다. 다른 지역을 여행할 때도 비밀번호를 입력하는 도어록이 달린 현관은 본 적이 없다. 영국의 집들 대부분이 길가에 오픈되어 있어서 비밀번호를 누르는 것보다 열쇠로 여는 것이 안전한가 싶기도 했다. 열쇠 없는 사람이 도구를 이용해서 억지로 여는 것도 다 보일 테니 말이다.

영국은 오래된 것들이 많다. 그냥 익숙해서, 늘 이렇게 지내왔기 때문에, 크게 불편하지 않아서 굳이 변화를 주지 않는 것 같다. 자동차도 마찬가지다. 80년대 영화에서나 봤던 클래식한 자동차도 거리에서 종종 볼 수 있다. 영국의 자동차는 대부분 수동 기어를 사용한다. 내가 이역

만리 타국인 영국에서 어릴 적 기억이 새록새록 났던 이유도 어쩌면 30여 년 전 한국에서 사용하거나 보았던 것들을 이곳에서 다시 보게 되어 그런 것 같다.

"엄마, 오늘 체험 학습을 갔는데, 우리 선생님이 어릴 적에 살던 마을에 갔어. 지금은 아니지만 예전에는 기차가 거기까지 다녔대. 선생님 할아버지가 살았던 집도 거기에 그대로 있대."

"그래? 선생님 할아버지가 살았던 집이 아직도 있어?"

"응. 신기하지. 영국은 백 년 넘은 집도 많대. 영국은 옛날 것을 많이 가지고 있나봐."

아이가 학교 근처로 견학을 다녀와서 해준 이야기다. 정말 영국의 마을과 주택을 보면 근대박물관 같다. 가끔 타운의 도서관이나 미술관에서 사진 전시가 열리는데, 19세기라는 날짜만 없으면 지금의 마을을 흑백으로 찍어놓은 것처럼 건물이나 도로의 변화가 거의 없다. 영국의 도로들이 유난히 좁은 것도 이 때문이다. 길을 넓히려면 건물도 허물고 도로도 완전히 다시 만들어야 하는데, 그런 공사가 19세기 이후 전혀 없었던 것처럼 건물도 도로도 그대로다. 2차선 차도는 큰 차라도 지나가면 한쪽에서 기다려야 할 정도다. 벽돌 주택들과 세모난 지붕, 열쇠로 열어야 하는 현관문, 굴뚝과 안테나까지, 곳곳에 옛것이 그대로다.

우리 숙소도 그랬다. 조명이 밝은 LED가 아닌 노란 백열등이었다. 낮에는 집 안에 불을 켠 것보다 밖이 훨씬 더 밝았다. 화장실 스위치가 어

○ 영국 주택의 현관들

디 있는지 몰라 한참을 헤맸는데 천장에 줄을 잡아당겨야 켜졌고, 주방에는 찬물과 뜨거운 물 수도꼭지가 따로 되어 있어 설거지 할 때마다 물 온도 조절이 불편했다. 한 달 정도 되니 적응이 되었다. 어둡게 느껴졌던 노란 조명이 따뜻하게 느껴지고, 수도만으로는 물 온도 조절이 되지 않아, 통에 그릇들을 넣고 한꺼번에 헹궈내는 영국식 설거지 방식이 익숙해졌다.

이렇게 빈티지한 영국에서, 문득 돌아가신 친정아버지가 생각나던 날이 있었다. 서머 타임이 끝나고 갑자기 영하로 떨어진 추운 날이었다. 갈색 무스탕 점퍼를 입고 체크 베레모를 쓴 할아버지가 버스 정류장에 있었다. 순간 아버지의 모습이 보여 놀랐다. 친정아버지는 선원이셨는데, 대부분 해외에 계셨고 일년에 한두 번 외국 물건들을 가지고 한국에 오셨다. 아버지가 돌아가신 후 유품을 정리하던 중에 갈색 무스탕과 체크 베레모 차림으로 런던의 한 거리에 서 있는 사진을 발견했다. 아버지가 살아계셨으면 버스 정류장의 그 할아버지와 비슷한 모습이었을 것 같았다. 나도 모르게 그분을 제법 오래 쳐다보았나 보다. 할아버지가 "오늘 너무 춥지요."라고 건네는 말에 그제야 정신이 들었다. 그분이 입고 있는 옷이 아버지의 것과 같은 거라면 거의 40년은 되었을 텐데, 그렇게 오래된 옷을 아직도 꺼내 입는 게 신기했다.

아버지가 해외에 다닌 덕분에 엄마도 당시 영국 유명 브랜드의 트렌치코트를 가지고 있었다. 아무리 클래식한 디자인이라고 하더라도 길이나 품에 따라 유행이 달라져 이제는 전혀 입지 않으신다(이미 버렸을지도 모르겠다). 삼사십 년 전에 보았을 법한 그런 옷들을 영국의 할아버지, 할머니들은 여전히 잘 입고 다닌다. 물건도 마찬가지다. 앤티크 상점은 물론이고 중고 가게에서도 1970년대 그릇이나 소품을 볼 수 있다. 심지어 성한 곳보다 바느질한 흔적이 더 많은 인형과 양쪽 눈이 없는 테디 베어도 버젓이 가격표를 붙이고 가게에 앉아 있다. 요즘은 영국도 인건비 때문에 공장이 외국으로 많이 이전해서 'made in England' 제품을 거의 볼 수 없다고 한다. 그래서 오래되고 낡더라도 영국에서 생산한 그릇과 장난감을 찾는 사람이 늘었다는 뉴스를 본 적이 있다. 어릴 적 추억의 장난감을 사려는 삼사십 대들도 많다고 한다.

영화 〈미 비포 유(Me Before You)〉에서 여자 주인공 루이자(Louisa)가 일을 구하기 위해 면접을 가는데, 엄마가 오래된 정장을 입히는 장면이 나온다. 1983년에 엄마가 입었던 옷을 딸에게 걸쳐주면서 "스타일은 변하지만 지적인 분위기는 여전히 남아 있지."라고 말한다. 그리고 딸은 그 옷을 입고 면접을 보러 간다. 영화를 봤을 때는 그 장면이 이해가 되지 않았다. 우리나라는 취업 면접을 가는 딸에게 비싸지 않더라도 새 정장을 사주는 것이 당연한 엄마의 마음이니 말이다. 하지만 영국에서 생활해 보니, 그 장면이 영국을 보여주는 자연스러운 모습이라는 생각이 들었다. 영국 사람들은 오리지널과 클래식을 귀하게 여기고 변화를 좋아하지 않는다. 거리에 같은 옷을 입은 사람을 찾기가 힘들 정도로 유행에 관심이 없다. 유행하는 디자인이나 새것만을 찾기 보다는 그 물건이 가진 가치를 중요하게 생각한다. 그래서 1980년대 엄마의 정장을 2010년의 20대 딸이 입는 영화 속 장면은 영국에서는 전혀 촌스럽거나 유별난 것이 아니다.

○ 200년 가까이 된 마을 교육회관

내가 느낀 영국의 좋은 점에 대해 영어 과외 선생님인 제시에게 말했더니 시니컬한 대답이 돌아왔다.

"영국은 예전 것을 쉽게 바꾸거나 버리지 않나 봐요. 물건도 그렇고, 건물도 깨끗하게 유지되는 것이 놀라워요. 참 존경할 만한 문화인 것 같아요."

"뭐 꼭 그런 건 아니에요. 새 건물 하나 지으려고 해도 돈이 엄청 들고, 무엇보다 정부 정책이 굉장히 까다로워요. 과정도 힘들고 정부도 돈이 없으니까 새로 뭘 만들지 않는 이유도 있어요."

영국에도 다양한 사람이 있으니 모든 사람이 오래된 것을 아끼고 좋아하는 것은 아닌가 보다. 그래도 전반적으로는 100년 이상 된 영국 전통 주택이 현대식 주택보다 비싸다고 하니, 대부분의 영국인들이 옛것을 가치 있게 여기고 변화를 좋아하지 않는 것은 분명하다. 관광객의 입장이라면 옛것을 지키고 보존해서 볼거리가 많은 것이 좋지만, 정작 그곳에서 살아 보라고 하면 불편할 것 같기는 하다. 가끔 집 외벽에 페인트를 직접 칠하기 위해 사다리를 올라가는 할아버지들을 볼 때마다 저렇게 직접 고치면서 어떻게 살까 하는 생각도 들었다. 하지만 너무 빨리 변하고 예전 것이 없어지는 한국에 있다 보니 오래된 건물이나 낡은 그릇, 촌스러운 옷마저도 고풍스럽게 보였다. 영국은 앤티크와 빈티지의 나라다.

영국생활자가 되어 바라본 영국 사람들

영국도 젊은 사람들은 모두 대도시에 있는지, 우리 마을에는 젊은 사람보다 노인들이 훨씬 많았다. 일반 가게뿐 아니라 대형마트에서도 백발의 노인들이 계산대에서 많이 일하고 있었다. 마트에서 어르신들이 일하는 것도 놀라웠지만, 가장 놀란 것은 직원들이 모두 앉아서 계산을 하고 있는 것이었다. 처음에는 노인과 몸이 불편한 사람들만 앉아 있나 했는데, 모두 앉아서 물건을 계산하고 있었다. 앉아서 일할 수 있도록 바코드 인식기계나 계산기도 낮게 설치되어 있고, 높이 조절이 되는 의자가 있어 물건을 사는 사람과 계산하는 사람의 눈높이가 크게 차이 나지 않는다. 한국에서는 항상 서서 계산하는 직원들만 봐서 별 생각이 없었는데, 앉아서 일하는 영국 직원들을 보니 왜 우리는 저런 생각을 못했나 하는 생각이 들었다. 아니면 그런 생각을 했지만 고객 서비스에 부합하지 않다고 생각해서 직원을 서 있게 하는 것일까? 한국에서는 일상적인 모습이라 주위에서 만나는 사람들의 작업 환경에 그다지 관심 두지 않았다. 그런데 신기하게도 영국에 오니 그런 것들이 눈에 들어온다.

한국에서는 아파트 분리수거 차량 외에 낮에 일반 쓰레기나 음식 쓰레기를 치우는 것을 거의 보지 못했다. 어렸을 적, 동이 트기 전에 밖에서 덜커덩거리는 소리에 깨어 창밖을 보면 아저씨들이 커다란 차 뒤에 쓰레기를 실었던 모습이 기억날 뿐이다. 성인이 되고 아파트에 살기 시작한 이후로는 더욱 그 모습을 못 본 것 같다. 아마 쓰레기 냄새가 나고 통행에 불편하니 밤이나 새벽에 작업을 해서 그럴 것이다. 그런데 영국은 쓰레기차가 아침부터 다닌다. 심지어 아침에 다른 가게 앞에 떡하니 차를 대고 길가 쓰레기통을 정리한다. 영국 도로는 폭이 너무 좁아서 버스처럼 큰 차가 지나가면 승용차도 기다려야 한다. 청소차가 떡하니 앞에 있으면 차가 오고갈 수 없다. 그러나 사람들은 빵빵거리거나 재촉하지 않고, 오히려 다른 차선에 있는 차에게 먼저 지나가라고 양보의 헤드라이트를 비춘다. 앉아서 계산하는 마트 직원들, 캄캄한 밤이 아닌 낮에 청소하는 사람들을 보면서 우리나라도 그랬으면 좋겠다는 생각을 했다. 고객과 시민들에게 편리한 서비스를 제공해야 하는 일이 아닌, 직장인으로서 더 나은 근무 환경이 제공되어야 하지 않을까. 여행자가 아닌 생활인으로 외국에 있어 보니 소위 선진국의 모습이 하나씩 보였다. 그리고 우리나라도 이런 점은 본받으면 좋겠다는 일종의 애국심도 생겼다.

길을 걸어가다 보면 사람 다음으로 많이 만나는 것이 바로 개들이다. 한 TV 쇼에 따르면, 영국에 약 890만 마리의 개들이 있다고 한다. 영국 사람들 10명 중 2명은 개를 키우는 셈이다. 내가 사는 시골에서는 10명

중 7명은 개를 데리고 다니는 것 같다. 처음에는 가는 곳마다 개가 너무 많아서 힘들었다. 길뿐만 아니라 식당이나 버스 안에도 개가 있었다. 한 마리도 아니고 두세 마리를 데리고 다니는 사람도 많다. 어릴 적에 개한테 물린 적이 있어 조그만 강아지도 무서워하는 편이라 개가 지나갈 때마다 혼자 움찔하곤 했다. 대부분 주인들이 목줄을 잡고 다니지만, 워낙 커다란 개가 많아 처음에는 은근히 스트레스였다. 그런데 신기하게도 개가 짖거나 뛰어다니는 것을 거의 본 적이 없었다. 자기네들끼리 지나가면서 서로 으르렁거릴 법도 한데, 그냥 유유히 주인 옆을 따라간다. 하루는 공원에 앉아 있었더니 옆에 강아지를 데리고 있는 노부부가 있었다. 지나가는 사람이 멈춰서 강아지가 몇 개월인지 묻더니 자기가 예전에 키웠던 개와 종이 같다면서 성격이 까칠해서 교육을 잘해야 한다는 둥 이야기를 건넨다. 개가 있다는 것을 몰랐다면 서로 아이들의 육아에 대해 이야기를 나누는 줄 알았을 것이다. 동네 사람들끼리 아는 개를 만나면, 마치 아기를 보며 귀여워서 어쩔 줄 모르는 사람처럼 개를 껴안고 만지며 반가워한다. 마트마다 애견용품 코너가 꽤 크게 자리 잡고 있고, 가게가 몇 곳 없는 우리 동네에도 애견숍이 있는 것을 보면 영국의 개사랑은 대단하다. 개를 가족같이 여기는 분위기와 신사의 나라답게 점잖은 개를 보니 나도 어느덧 개가 무섭지 않았다. 지나가면서 "굿모닝, doggie!"하는 여유도 생겼다.

영국에 와서 놀란 것들 중에 또 하나는 바로 노인과 장애인이다. 물론 내가 있는 지역이 도시가 아닌 조용한 외곽이라 노인이 더 많을 수도 있고, 우연히 장애인을 많이 봤을 수도 있다.

"엄마! 영국 할아버지, 할머니들은 건강한 것 같아."
"왜?"
"일도 많이 하는 것 같고, 밖에 잘 돌아다녀서."

아이 눈에도 그게 보였나 보다. 마트에만 가도 계산대는 물론 물건을 정리하는 직원들 중에도 나이 드신 분들이 많았다. 아울렛 푸드코트 계산대에 있던 분은 친정 엄마보다도 훨씬 나이가 많은 것 같았다. 중고 가게에서 자원봉사를 하는 사람들이나 버스와 택시 운전자들도 대부분 노인이다. 심지어 TV에 나오는 아나운서들도 백발에 주름이 가득하다. 그러고 보니 아이들 학교의 스쿨버스 운전기사도, 음악을 가르치는 선생님도 다리가 불편한 백발의 할머니였다. 몸이 불편해서 휠체어를 타거나 보조기구를 이용하는 사람도 많다. 아이들과 미술관을 갔던 날, "엄마, 저 사람은 로봇 다리를 가졌어."라고 외쳤다(다행히 한국어로). 양쪽 다리에 보조기구를 착용하고 반바지를 입은 남자였다. 옆에 아내와 예쁜 딸이 있는 평범한 가족의 모습이었다. 긴바지를 입지 않고, 쇠로 된 의족을 다 드러낸 모습이 자연스러웠다. 아무도 그 사람을 의식하거나 쳐다보는 사람이 없었다. 계속 눈이 가고, 마음이 쓰이는 내가 부끄러웠다.

정신적 장애를 가진 사람들도 제법 많이 봤다. 내가 한국에 살면서 길에서 본 장애인들보다 영국에서 본 장애인이 더 많게 느껴질 정도다. 한번은 버스를 탔는데 옆에 있던 어떤 청년이 벌떡 일어나 아이들 옆으로 와서 얼굴을 갖다 대고 뭐라고 웅얼거리는 것이었다. 아이도 나도 너무 당황해서 뭐라 말도 제대로 못하고 있으니, 중년 부인이 오더니 미안하다고 하며 그 청년을 데리고 갔다. 너무 무서웠다. 편견이지만 혹시라도 아이들을 공격하지는 않을까 걱정도 되었다. 매일 아침 10시 20분에 같은 버스에 타서 초점 없는 눈으로 혼잣말하는 소녀도 있었다. 나를 보고 뭐라고 말하는데, 옆에 있던 한 부인이 대신 사과를 하고 소녀를 제지시킨다.

영국에서는 정신적으로 병이 있는 장애인은 절대 혼자 다니지 않는 반면, 한국은 그렇지 않다. 공공도서관이나 대학교, 지하철에서 혼자 다니는 정신 질환을 가진 성인 장애인들을 많이 봤다. 한국은 사회적 시선이나 경제적인 이유로 보호자가 늘 함께할 수 없다 보니 집에만 있거나 혼자 돌아다녀서 사고가 일어나는 경우도 많다. 그러나 영국에서는 보호자가 늘 옆에서 손을 꼭 잡고 다니거나, 갑작스러운 행동이나 목소리를 높여 과한 반응을 보이면 제지하고 주위 사람들에게 사과를 했다. 평일에 방문한 도서관에서도 장애가 있는 자녀는 물론 성인인 형제자매를 데리고 와서 책을 읽어주는 사람도 자주 만났다(과외 선생님 이야기로는 이들을 돌보아주는 자원봉사자나 국가 지원의 간병인도 많다고 했다). 집에만 있는 것이 아니라 같이 공원도 가고, 도서관도 다니면서 일상생활을 하는 것이다.

짧은 기간이지만 영국에서 지내면서 느낀 점은 바로 '휴머니즘, 인간을 존중하는 사회'라는 것이다. 물론 영국에 오래 살고 있는 한국 사람들은 영국에서 성차별이나 인종차별을 느낀 적이 있고, 자국민 내에서도 신분이나 계급에 따른 문화나 차이가 있다고 한다. 하지만 기본적으로 약자에 대한 배려와 인간에 대한 존중을 가진 문화라는 데에는 대부분 동의한다. 횡단보도마다 휠체어가 안전하게 지나갈 수 있도록 완만한 경사가 있고, 모든 버스가 몸이 불편한 사람들도 혼자 탈 수 있게 설계되어 있다. 정신적으로 불편한 장애인을 늘 옆에서 보호할 수 있는 사회제도가 있다. 그들도 평범한 사회 구성원이라고 여기는 분위기다.

TV만 봐도 그렇다. 아이들이 즐겨 보는 유아채널의 한 프로그램에 다운증후군으로 보이는 아이가 고정적으로 출연한다. 두꺼운 안경을 쓰고 말이 더딘 아이가 인터뷰를 하고, 피부색이 서로 다른 아이들이 함께 노래하고 춤을 춘다. 프로그램 진행자는 수화와 함께 이야기를 해주고, 히잡을 쓴 여성 출연자가 책을 읽어준다. 퀴즈쇼에서도 휠체어에 탄 할아버지가 나온다. 한국에서는 장애인의 날이나 연말에 불우이웃을 위한 프로그램에서만 볼 수 있는 장애인들을 영국에서는 일상에서 늘 볼 수 있다. 장애인이고 노인이더라도 버스나 마트에서 다른 사람들과 함께 줄을 선다. 따로 양보하지는 않지만, 그들이 더디어도 절대 재촉하지 않고 기다린다. 이런 게 소위 선진국인가 싶어 부럽기도 하고, 스스로도 반성하게 된다.

중고 가게에서 자원봉사를 하던 마지막 날, 매니저 하이디가 내게 물었다.

"한국 돌아가니까 좋아요?"

"네, 한국이 조금 그립네요. 그런데 막상 한국에 가면 영국이 그리울 것 같아요."

"영국 생활 중에 어떤 점이 좋았어요?"

"제가 살면서 인식하지 못했던 것들을 이곳에서 많이 보고 알게 되었어요. 한국에서는 이렇게 버스를 자유롭게 타고, 마트에 오는 장애인들을 많이 본 적이 없거든요. 영국은 자연스러워요. 일상 같아요."

"그렇군요. 그들을 특별하게 본 적은 없는데… 인간이라면 누구나 다칠 수 있고, 아플 수 있잖아요."

너무 무지하게 들릴 수 있지만, 정말이지 나는 우리나라에는 장애인이 별로 없다고 생각했다. 부끄러워서, 무서워서, 힘들어서 집 밖에 나오지 못한다는 것을 거의 인식하지 못하고 살았다. 부끄럽지만 TV에서 장애 아동을 보고 앞으로 어떻게 살아갈까 안쓰러워하면서도 한편으로 내 아이는 그렇지 않아 감사하고 다행이라는 생각을 한 적도 있다. 그들이 사회 구성원으로서 평범하게 살아갈 수 있도록 사회가 바뀌고 노력해야 한다는 생각보다는 그것이 오롯이 장애 가족의 몫이고 책임이라고만 여겼다. 한국도 요즘 제도적으로 많이 개선이 되고, 복지제도도 많이 생겼다. 하지만 더 중요한 것은 사회 전체의 인식과 분위기다. 병원비를 지원하고 세금 혜택을 주는 것을 넘어서 그들을 편견의 눈으로 보지 않는 것, 평범한 우리 사회의 구성원으로 보는 것. 이것이 내가 짧은 영국살이 동안 배운 점이다.

알쏭달쏭한 영국식 영어

히스로 공항에 처음 도착했을 때, 1층을 한참 찾아 헤맸다. 1층이 어디 있냐고 물어보니 다들 위로 올라가라고 했다. 아이 둘과 캐리어 세 개를 끌고 겨우 위로 올라갔더니, 그제야 불현듯 떠올랐다. 영국은 First floor가 아닌 Ground floor부터 시작한다는 것을. 알고 있던 사실도 막상 닥치면 헷갈린다. 발음도 그렇다. 입국 심사 때도 그랬지만, 처음 영어 과외 받을 때도 선생님의 발음이 어렵게 느껴졌다. 흔히 영국식 영어는 미국식 영어처럼 혀를 굴리지 않고 분명하고 딱딱하게 발음한다고 하지만, 사실 그 이상이다. 'r'과 't'와 같은 자음은 물론이고 모음도 완전 다르다. 알고 있는 단어도 잘 들리지 않을 정도다.

플레이데이트 때 한 엄마가 내게 물어본 적이 있다.

"아이들이 미국 발음이던데, 미국식 영어를 공부했나 봐요."

"영국 선생님들만 있는 영국계 학교에 다녔어요. 그래서 나는 아이들이 영국식 영어를 한다고 생각했는데, 아닌가요? 어색하게 들리나요?"

"몇몇 단어도 그렇고, 발음이 달라서요. 이상하지는 않아요. 남편이 미국인이라 내가 발음에 좀 예민한 것도 있어요. 한번은 남편이 '대니(Danny)'가 어쩌고저쩌고하는 거예요. 그래서 누군지 몰랐죠. 그런데 알고 보니 '대니'가 아니라 '다니'인 거 있죠. 난 정말 다른 사람 이야기하는 줄 알았다니까요."(영국과 미국식 영어 발음의 차이를 우리말 '아'와 '어'로 표기한 것은 차이를 보여주기 위해서이지 실제로는 표기할 수 없을 정도의 미묘한 차이가 있다)

이야기를 듣다가 영국 부심이 가득한 한 엄마가 맞장구친다.

"미국식 영어(American English)라고들 하는데, 사실 그냥 미국어죠. 게다가 왜 다들 영국식 영어(British English)라고 하는 건지 모르겠어요. 원래 영어가 영국 언어인데. 미국식 영어가 영어를 망쳤다니까요. 호호."

슬그머니 나도 말을 꺼냈다.

"한국은 미국식 영어를 사용해요. 학교에서 배우는 영어는 발음이나 단어 철자 모두 미국식이에요. 처음 영국 왔을 때 'centre'를 보고 철자가 틀린 줄 알았어요."

"하하. 그런 사람 많아요. 사실 요즘 영국 애들도 미국식 영어를 많이 써요. TV나 영화에 워낙 미국식 영어가 많이 나오니까요. 우리 아들도 집에서 아무도 안 쓰는 'garbage'라는 단어를 쓰더라고요."

발음뿐 아니라 단어 의미도 제법 차이가 나는 경우가 많다. 우리 동네에 'Golden bay court'가 있어서 법원 이름이 참 예쁘다고 생각하며 지나친 적이 있다. 그런데 학교 근처에도 무슨 'court'가 있는 것이다. '이 동네는 법원이 많네. 아니면 혹시 court가 다른 뜻이 있나?'라고 생각했는데, 나중에 알고 보니 우리나라로 치면 작은 아파트 단지를 말하는 것이었다.

"저기, 지우개(eraser) 좀 건네주시겠어요?"
"이거? 고무(rubber)?"
"네, 그거요."

미술 수업을 할 때도 지우개가 멀리 있어 옆에 있는 할머니께 부탁했더니 단어를 못 알아들으신 듯했다. 맞다. 영국은 지우개가 rubber였지.

"엄마, 내가 체육시간에 바지(pants)를 찾았는데, 애들이 웃었어. 알고 보니 영국은 팬츠가 팬티였어!" 아이가 학교에서 돌아오더니 깔깔대며 말했다. 영국에서는 바지가 'trousers'다. "교복 재킷 입어!"라고 아침마다 외치면, 둘째는 "엄마, 재킷이 아니라, 블레이저(blazer)야."라고 꼭 단어를 지적한다.

영국식 발음과 단어에 적응하는 데 시간이 제법 걸렸다. 아이 숙제를 봐주다가 미국식 스펠링을 가르쳐줬더니, 학교에 다녀와서 아이가 엄마가 잘못 가르쳐줬다고 울상을 한 적도 있었다. "엄마! pajama가 아니라 pyjama라고!" 매일 '영국어'라는 새로운 언어를 배우는 것 같았다. 발음뿐 아니라 이미 알고 있던 단어가 전혀 다른 뜻으로 쓰이는 경우도 많다.

영국에서 가장 많이 들었던 단어는 'lovely'다. 우리말로 '사랑스러운, 매력적인'이라는 뜻의 형용사로, 영어 사전에도 의미가 그렇게 적혀있다. 그런데 영국에서는 "맞아요.", "네.", "좋아요."라는 의미로 쓰인다. 그러고 보니 정말 'yes'나 'ok'를 들은 적이 거의 없을 정도다. 마트에서 현금을 정확하게 꺼내 주면, 직원이 'lovely(정확해요)'라고 한다. 학교 엄마들과 몇 시에 보자라고 하면, 그들의 대답은 'lovely(그래요)'였고, 이웃 할머니와 얘기하는 중에 아들이 둘 있다고 하니, 'lovely(그렇군요)'라고 한다. 딱히 lovely한 상황이 아닌데도 흔히 쓰여서 처음에는 익숙하지 않았다. 대답은 물론 'lovely'는 날씨, 옷차림 등에도 많이 쓴다. 영국 사람들은 모르는 사람이더라도 우연히 눈을 마주치면 옅은 미소를 짓거나 'Hello'라고 인사하는데, 꼭 날씨 이야기를 덧붙인다. "오늘 날씨가 좋아요. 그렇죠?(It's lovely day, isn't it?)" 어느 날은 도서관 사서가 내 옷을 보더니 "원피스가 참 예쁘네요(It's a lovely dress)."라고 말을 건넨다. 미술 수업 때 처음 만난 사람과 인사를 나눌 때도 "미소가 예쁘네요(You have a lovely smile)."

처음에는 이런 인사가 너무 멋쩍어서 씩 웃고 말았지만, 나중에는 오히려 그런 쑥스러움이 예의가 아닌 것 같아 "고마워요."라고 대답했다. 한국이었으면 당당하게 고맙다고 하는 것이 뻔뻔하게 들릴 수 있다. 'brilliant'와 'perfect'도 'lovely'의 대체어가 아닐까 생각될 정도로 많이 사용하는 단어다. 우리말로는 '눈부신, 훌륭한, 아주 뛰어난, 완벽한'이란 뜻으로 특급 칭찬에나 쓰이는 단어다. 그런데 영국 사람들은 내가 무슨 말만 해도 'brilliant'라고 얘기해서, 처음에는 나를 어린 사람으로 생각하는 줄 알았다. 서양인 눈에는 동양인이 어려 보이기도 하고, 나와 대화를 나누는 대부분이 노인들이기도 해서 마치 어른이 아기한테 '우쭈쭈 잘했다'하는 것처럼 말이다. 하지만 이것 역시 일반적으로 평범한 대답으로 쓰이는 것이었다.

우리에게는 달콤하고 사랑스러운 단어이지만, 영국에서는 전혀 의미 없는 단어가 또 있다. 마트에서 계산을 하고 나올 때였다. "Thank you, darling." '어머! 저 사람, 방금 나보고 '자기'라고 한 거야?' 잘못 들었나 싶었는데, 내 뒤에 있던 사람에게도 똑같이 그러는 것이다. 'darling'이 영국에서는 다른 뜻으로 쓰이는 것인지 아니면 내가 모르는 다른 단어인가 하는 생각이 들었다. 한번은 커피숍에서 나올 때였다. 종업원이 인사를 한다. "See you, sweetheart." '어머나! 이 사람은 또 뭐야?' 내가 30년 가까이 알고 있던 'sweetheart'나 'darling'은 사랑하는 사이에서만 사용하는 단어였는데, 혼란스러웠다. 나중에 영어 과외 선생님에게 물어보니 별 의미 없이 쓰이는 호칭이라고 했다. 심지어 남자들끼리도 쓴단다. 그러고 보니 버스에서 아는 사람을 만날 때도 "Hello, sweetie" "Bye love you"라고 인사하는 소리가 종종 들렸다. 그 이후로 길이나 가게에서 'lovely', 'darling', 'sweetheart'라는 소리를 들어도 절대 설레거나 긴장하지 않았다.

'cheers'도 처음 들었던 장소가 바였기 때문에 당연히 건배라는 뜻인 줄 알았다. '영국 사람은 맥주를 사가면서 저렇게 건배를 하고 가는 구나'라고 생각했다. 나중에는 바가 아닌 곳에서도 그 단어가 들리기 시작했다. 내가 식당에 들어갈 때 문을 잡아주거나 지나가는 사람에게 자리를 비켜주면 'Cheers'하고 지나가는 것이다. 나중에 알았지만 'Thank you'의 표현이었다. 'How are you?'보다 'Are you alright?'를 많이 사용한다. 중고 가게 매니저가 나를 볼 때마다 "Are you alright?"라고 물어봐서 왜 계속 괜찮냐고 하는지 궁금했다. 내가 표정이 안 좋거나 안색이 나빠 보여서 그런가 싶어 괜히 신경이 쓰였다. 알고 보니 그냥 별 뜻 없이 물어보는 인사였다. 같은 영어 단어라도 미국과 영국이 다른 것이 많다.

무엇보다 영국에서 가장 많이 듣게 되는 표현은 'Sorry'와 'Thank you'다. 15년 전에 런던 여행을 할 때였다. 백화점에서 물건을 보다가 한 통로에서 영국 할머니 옆을 지나갔다. 그랬더니 그 할머니가 다짜고짜 나를 보고 무례하다고 하는 것이었다. 처음에 나보고 하는 말인 줄도 몰랐다. 할머니와 부딪히지도 않았고 전혀 무례한 행동을 하지도 않았기 때문에 왜 저러시지 하는 표정으로 쳐다보았다. 조심스레 옆을 지나갔을 뿐인데. 이게 말로만 듣던 인종차별인가 싶었다. 할머니는 나보고 빨리 미안하다고 하라며 더 큰 소리를 냈다. 주위에 보는 사람도 있어서 나는 잘못한 게 없다고 생각했지만 얼른 'Sorry'라고 하며 자리를 비켰다. 나중에 알게 된 일인데, 영국에서는 아무 말도 없이 옆을 지나간 것이 무례한 행동이었다. 물론 할머니가 유난히 화를 내기는 했지만, 영국에서는 사람을 지나갈 때 몸이 부딪치지 않더라도 'Sorry'나 'Excuse me'라고 말하는 것이 예의다. 슈퍼마켓에서 물건을 고르고 있다가도 내 앞이나 옆에 오는 사람은 항상 'Sorry'라고 말하고, 옆을 비켜주면 'Thank you'라고 답했다.

인사뿐 아니라 건물을 드나들 때도 꼭 문을 잡아준다. 내가 입구와 멀리 떨어져 있어도 문을 잡아 주는 사람이 있어 뛰어야 할 때도 있을 정도였다. 어린아이들도, 질풍노도의 10대들도, 몸이 불편한 노인들까지 문을 잡고 기다려준다. 항상 줄을 서고, 좁은 길을 지나가면 먼저 비켜주거나 멈춘다. 몸에 이런 행동이 자연스레 배어있고, 'Sorry'와 'Thank you' 역시 입에 배어 있다. 딱히 신경을 써서 예의를 차리는 것이 아니라 이들의 문화이고 습관인 것이다.

11월의 포피와 본파이어 나이트

10월의 마지막 일요일이었다. 여느 일요일처럼 달콤한 늦잠을 자고 있었는데 큰아이가 나를 깨운다. "엄마! 9시야. 일어나. 배고파." 머리맡의 핸드폰을 보니 8시다. "아니야, 아직 8시네. 엄마 30분만 더 잘게." "아닌데? 9시 맞아. 내 시계랑 엄마 시계도 다 9시야." 일어나서 다시 봐도 8시다. 핸드폰이 간밤에 고장이라도 났나 싶어 껐다가 다시 켜봐도 8시다. 놀라서 얼른 TV를 틀었다. 뉴스 시간도 8시였다. 이게 무슨 일인가 싶어 구글에서 검색해봤더니 서머 타임(summer time)이 끝났다고 한다. 신기하게도 서머 타임이 끝나는 11월이 되니 해가 유난히 짧아지고 겨울이 성큼 다가온 느낌이다. 아이들이 학교에서 집에 오는 5시 10분만 되어도 주위가 어둑어둑해지고 아침 7시 30분이 되어서야 해가 뜬다. 그리고 비가 부슬부슬 내리는 날도, 구름이 잔뜩 낀 날도 많아진다. 바람도 많이 불고 기온도 제법 내려간다. 영국의 겨울이 시작된 것이다.

○ 11월은 공원과 거리는 물론 상점과 도서관에도 포피 장식이 한창이다

10월 말까지만 해도 거리와 상점마다 할로윈 장식과 상품들로 가득했는데, 11월이 되니 빨간 양귀비꽃(poppy)으로 꾸며졌다. 거리뿐만이 아니다. 뉴스는 물론 어린이 프로에서도 모두들 그 빨간 꽃을 가슴에 달고 있다. 한국에서도 연말에 종종 볼 수 있는 '사랑의 열매'처럼 보이기도 한다. 마침 학교에서도 메일이 왔다. 군인과 그 가족들을 위한 모금 행사로 포피(poppy) 관련 아이템을 판매한단다. 다음 날 아이와 같이 학교에 등교했더니 빨간 꽃으로 디자인된 물건들을 판매하고 있었다. 아이들에게 가방에 달 장식을 하나씩 사주었다. 11월 11일은 제1차 세계 대전이 끝난 것을 기념하는 영국의 현충일(Rememberance Day)이다. 지금은 제1차 세계 대전은 물론 모든 전쟁에 참가했던 군인을 추모하는 날이 되었다. 11월 초부터 포피 장식을 가슴에 달거나 거리를 장식하는데, 전쟁에 참가했던 캐나다 군인 존 맥크래(John McCrae)의 시 'In Flanders Fields'의 구절에서 유래되어 상징이 되었다고 한다.

학교뿐 아니라 가게에서도 '포피'를 가져가고 기부할 수 있도록 구비해놓는다. 사람들이 많이 다니는 큰길에는 모금을 하는 학생들도 있었다. 장을 보러 마트에 들렀던 어느 날, 아이들이 계속 포피를 사달라고 조르는 것이었다. "이미 학교에서 샀는데 왜 그래. 그리고 그건 사는 게 아니고 기부하는 거야. 우리는 학교에 기부했으니 됐어. 얼른 와."라고 재촉했다. 아이들은 학교에서 산 것과 다르다며 상자 앞을 떠나지 못한다. 그랬더니 옆에 있던 할머니가 "괜찮으면 내가 기부하고 받아줄 수 있어요." 하는 것이다. 졸지에 몇 파운드를 아까워하는 매정한 엄마가 된 것 같아 "아니에요. 어제 기부해서 집에 있어요."라고 말하며 아이들

손을 잡아 끌었다. 그래도 눈치 없이 계속 조르는 남자 아이 둘이 안되어 보였는지 할머니는 기어코 동전을 넣고 포피 두 개를 건네주셨다.

영국인들에게는 적은 액수라도 기부가 생활이고, 특히 Rememberance Day의 포피는 11월의 일상이다. 옷, 가방은 물론 강아지 목줄까지 포피 장식을 하고, 길에는 곳곳에 포피가 붙어 있다. 커다란 포피를 붙이고 달리는 차도 보인다. 학교에서도 기부는 물론 관련 수업과 행사를 하고, TV에서는 관련 다큐 방송을 많이 한다. 한 경연 프로그램에서는 참가 그룹 모두가 오른쪽 가슴에 포피를 달고 격렬한 춤을 추는 것을 보고, 정말 11월은 포피의 달이구나 싶을 정도였다. 지역 도서관에서도 관련 책들이 따로 전시되어 있고, 사진도 붙어 있다. 영국 전체가 11월 내내 전쟁에 희생된 군인을 추모한다. 나는 이런 교육을 받아본 적도, 해본 적도 없다. 반공 포스터와 글짓기, 군인 아저씨에게 위문편지 쓰기가 전쟁 관련 행사의 전부였던 시절에 자라기도 했고, 교사가 되어서도 학생들에게 6월 6일에 태극기를 게양하는 것을 알려주는 것이 전부였다. 그런데 아이는 집에 와서 학교에서 했던 Rememberance Day 행사 이야기와 제1차 세계 대전 이야기, 포피의 유래까지 말해주었다. 11월 11일 11시에는 영국 곳곳에서 추모 행렬을 하고, 그 모습이 생중계된다. 그에 비해 우리나라는 전쟁 희생자를 추모하고, 전쟁의 참혹함과 상처에 대해 교육하는 노력이나 분위기가 부족한 것 같다. 국가 공휴일이라고 해도 그 취지를 가지고 하루를 보내기보다는 쉬는 날로 인식하고 나들이 가는 사람이 더 많다. 물론 나부터도 그렇다. 국가 공휴일도 아니지만 그 분위기를 가지고 생활 속에서 추모를 하는 영국 사람들이 대단하다

○ 상점 곳곳에 놓인 포피 관련 상품들

는 생각이 들었다. 우리나라도 학교는 물론 사회 전반적으로 호국 보훈의 달인 6월을 기억했으면 좋겠다.

영국에서 11월에 즐길 수 있는 가장 큰 행사는 '본파이어 나이트(Bonfire Night)'다. 본파이어(Bonfire)는 모닥불이라는 뜻으로 불을 크게 지피는 것이다. 17세기 영국 국왕 제임스 1세를 살해하기 위해 국회의사당을 폭파하려했던 가톨릭 신자 가이 포크스(Guy Fawkes)의 음모가 실패로 돌아간 것을 기념하는 행사이다. 왕실의 안전을 축하하기 위해 매년 11월 5일 영국 전역에서 개최된다고 한다. 10월 말부터 마트와 가게에서 폭죽과 불꽃놀이 재료들을 팔고 있었는데 아마 이 때문인 듯했다. 주말부터 마을에 몇 번의 폭죽 소리가 들리고, 불꽃놀이도 여러 군데에서 하는 것 같았다.

우리 지역에서는 아이들 학교 뒤의 큰 숲 부근에서 본파이어가 열렸다. 작은 마을이다 보니 학교 강당이나 운동장에서 지역 행사가 많이 열린다. 학교에서 미리 구입한 티켓을 가지고, 저녁에 아이들과 함께 행사가 열리는 곳으로 갔다. 학교 PTA(Parents & Teachers Association)에서는 간단한 스낵과 따뜻한 음료, 그리고 야광봉 같은 장난감을 판매하고 있었다. 5시가 조금 넘었을 뿐인데 이미 주위는 한밤중 같다. 영국 시골의 겨울은 해가 일찍 지는 데다 주위에 가로등이 거의 없어 더 깜깜하게 느껴진다. 장작에 불이 붙자, 탁탁 나무 타는 소리와 함께 불길이 활활 타오른다. 불길을 보고 있으니 어릴 적 캠프파이어 했던 기억이 어렴풋이 났다. 폭죽도 터지기 시작하자 까만 하늘에 형형색색의 불꽃이 펼쳐진다. 아이들은 늦게까지 학교에 남아서 친구들과 놀게 되어 마냥 신이 났다.

○ 학교 뒷산에서 펼쳐진 본파이어 나이트

나도 같은 반 엄마들과 인사도 나누고, 몇몇과 전화번호를 교환하기도 했다. 행사가 끝나고 버스를 타기 위해 정류장까지 이어진 깜깜한 골목길을 아이들과 함께 걸었다. 어두워도 야광봉이 있으니 하나도 무섭지 않다며 흥얼거리는 아이들이 있으니 든든하다. 여전히 끝나지 않은 폭죽 소리와 함께 영국에서 보낸 11월의 밤도 그렇게 저물어갔다.

절박하면
영어가 절로 나온다

예전에는 외국에 오랫동안 사는 사람이 그 나라 언어를 못하는 것을 이해하지 못했다. 하지만 베트남에서 4년 정도 살다 보니, 거주기간과 언어능력은 전혀 별개라는 것을 깨달았다. 한국 사람이 많은 지역에서는 베트남 사람들이 오히려 한국말을 했고, 그렇지 않은 지역에서는 영어로 간단한 의사소통이 가능했다. 하다못해 그림이나 지도를 보여주기만 해도 의미를 전달할 수 있기 때문에 애써 그 나라 언어를 배울 생각을 하지 않았다. 일상생활에서 베트남어를 쓸 일이 거의 없었고, 사용할 일이 없으니 언어를 굳이 배울 동기나 의욕이 생기지 않았다. 아는 베트남어를 몇 마디 어설프게 하는 것보다 그냥 영어로 몇 마디 하는 게 훨씬 잘 통했다.

그래도 영국에 오면 조금 다를 줄 알았다. 애써 공부하지는 않더라도 자연스레 영어 환경에 노출되어 있으니 영어도 자연히 늘지 않을까 하는 기대가 있었다. 베트남어와 달리 영어를 아예 모르지 않으니 계속 듣고 접하다 보면 당연히 잘하게 될 것이라고 생각했다. 하지만 전혀 그렇지 않았다. 집에서 아이들과 한국말로 대화하고 한국어 책을 읽는 데다, 실제 영어 사용 빈도는 베트남에서와 별반 차이가 없었다. 슈퍼나 식당을 가도 유창한 영어는 필요하지 않다. 필요한 물건만 사고, 먹고 싶은 음식만 주문하면 된다. 가끔 학교 엄마들을 만나고, 학교 메일에 답장을 하기도 하지만 내가 영어로 유창하게 말하는 일은 거의 없었다. 영어로 이야기를 하더라도 듣고 몇 마디 맞장구치거나 대답을 하는 정도였다. 서로 궁금한 점도 없고 꼭 나눠야 할 이야기도 없기 때문이다. 늘 쓰던 영어로 늘 하던 얘기 정도만 나누고, 별말 하지 않아도 사는 데 불편함이 없었던 내가 폭풍 영어를 해야 할 일이 생겼다. 바로 컴플레인!

영국살이를 하며 두 번의 컴플레인이 있었다. 처음은 마트의 이중 결제 문제였다. 한국도 요즘 그렇지만 영국 역시 서명할 필요 없이 단말기에 대기만 하면 결제가 되는 가게가 많다. 나처럼 해외 카드를 쓰는 경우에는 서명이 필요하고, 카드와 서명이 동일한지 체크해야 한다. 그런데 관광객이 거의 없는 곳이라 그런지 해외 카드 서명을 잘 모르는 가게들이 가끔 있었다. 자주 가는 대형마트였는데, 한 직원이 시스템을 몰라 이중 결제가 된 것이다. 다행히 결제 내역을 문자로 바로 받을 수가 있어서 이중 결제가 된 것을 빨리 알아챘다. 문제는 고객센터에 가서 상황을 직원에게 얘기했는데, 내 발음을 도통 알아듣지 못하는 것이었다. 나는 영수증과 문자를 보여주고 손가락으로 숫자 2를 만들어 보이며 "두 번 돈이 빠져나갔어요. 카드를 두 번 긁었다고요."를 몇 번이고 반복했다. 직원은 영수증 두 개를 비교해보고서야 알아듣고 환불해주었다. 늘

공손하게 메일은 써봤지만 이렇게 직접 더듬거리며 오랫동안 컴플레인을 한 적은 처음이라 당황했다(내가 영어 과외를 받아야겠다고 결심하게 된 사건이었다). 다행히 매니저가 나와 바로 처리해주었다.

두 번째 컴플레인은 더 긴박한 상황이었다. 12월에 런던으로 가기 위해 택시 예약을 했는데, 다른 교통편이 생겨서 예약을 취소했다. 홈페이지에 있는 환불 규정을 꼼꼼히 읽지 않고, 온라인 취소가 가능하다는 내용만 보고 그냥 취소를 해버린 것이다. 다음 날 환불된 금액을 보니 턱없이 적었다. 택시비가 35만 원인데 환불 금액은 8만 원뿐이었다. 27만 원이 클릭 한 번에 날아가 버린 것이다! 2만 7천 원도 아니고 27만 원이라는 금액이 눈앞에서 사라졌다고 생각하니 정신이 혼미해졌다. 정신없이 바로 24시간 운영한다는 고객센터에 전화를 했다. "Hello." 수화기 너머로 영어가 들려오자 벌써부터 가슴이 콩닥콩닥 뛰었다.

"저… 제가 실수를 했어요. 온라인 예약 취소를 했는데, 취소한 걸 다시 되돌리고 싶어요. 수수료가 너무 비싸서… 취소한 걸 물리고 싶은데…."

"마담, 무슨 일인지 차근차근 이야기해보세요."

"아니… 제가… 영어를 잘 못해서… 흑흑… 제가 영어로 쓰는 건 잘하는데… 메일주소를 알려주면 지금 상황에 대해 메일로 잘 쓸 수 있을 것 같아요."

"아니, 괜찮아요. 충분히 알아들을 수 있으니까 이야기해보세요."

머리는 뒤죽박죽이고 입으로는 영어가 아무렇게나 나오고 말은 잘 들리지 않고, 돈은 돌려받아야 했다. 감정이 격해져 흐느끼기까지 하고 완전 최악의 상황이었다. 그래도 고객센터 직원은 흥분한 나를 달래면서 천천히 이야기를 해주었다.

"그러니까, 취소한 여정대로 다시 예약을 하겠다는 거죠?"

"그렇긴 한데. 아니… 그러면 이전 취소 부분을 전액 환불해주나요? 지금 큰돈이 나가서 충격에 빠졌어요. 이건 진짜 끔찍한 실수예요. 제말 이해하신 거 맞아요?"

"네, 충분히 알아들었습니다. 지금 고객님의 상황은 블라블라…."

흥분하니 더욱 영어가 뒤죽박죽이다. 내 말 알아들은 것이 확실한지 반복해서 물으며 이해해달라고 사정하니 상담직원은 마치 듣지도 않고 떼만 쓰는 어린아이를 달래는 것처럼 천천히 설명을 해주었다. 걱정과 달리 직원은 내 상황을 알아들었고, 빠른 시일 내 환불도 받았다. 무려 30분을 통화한 결과였다. 내가 영국에서 제일 오랫동안 영어로 말했던 순간이 아니었나 싶다. 솔직히 무슨 말을 어떻게 했는지도 모르겠다. 중간에 끊지 않고 천천히 말해준 그 직원이 너무 고마워서 온라인 평에 최고점도 남겼다. 영국에 있으면서 컴플레인을 할 일이 없었다면 좋았겠지만, 지나고 보니 웃으면서 '이런 일도 있었지' 하게 되었다. 역시 언어는 불편한 상황과 억울한 상황, 꼭 필요한 상황을 많이 만나야 느는 것 같다.

저녁 식사에 초대받다

싱가포르 출신인 리안은 학교에서 유일한 동양인 학부모였다. 내가 오기 전까지는 말이다. 학교 첫날 나에게 제일 먼저 인사를 해준 엄마이기도 했다. 학교에서 처음 리안을 보고 괜히 반가웠다. 외국에서 너무 많은 한국인을 만나면 피곤할 때도 있지만, 아무도 없는 곳에 있으면 가끔 까만 머리의 사람들이 그립다. 같은 나라는 아니지만, 동쪽 어느 곳에서 왔다는 것만으로 많은 공통점을 가진 느낌이었다. 서로 언어가 다르고, 영어로 몇 마디 나누지 않아도 통하는 게 있었다. 리안도 그런 마음이었을까? 리안의 딸 소피와 둘째 아이가 베스트 프렌드가 된 것처럼 우리도 그렇게 친구가 되었다.

"내일 아이들 수영 수업 보러 같이 갈래요? 내가 집 근처로 픽업하러 갈게요." 리안으로부터 문자가 왔다. 영국은 학교에서 공식적인 학부모 참관 수업이 없어서 따로 수업을 보러 간다는 생각을 하지 못했다. 그런데 수영은 다른 장소에서 수업이 있어서인지 근처 사는 엄마들이 한 번씩 보러 간다고 했다. 장소는 학교 근처 마을에 있는 체육센터 실내수영장이었다. 2층 창가에서 아이들이 수영하는 모습을 처음 볼 수 있었다. 같은 반 엄마들 몇몇도 앉아 있었다. 아이들은 갑작스러운 엄마의 등장에 놀라기도 하고, 수업 중간에도 손을 흔들며 좋아했다. 작년까지만 해도 물이 무서워 퍼들을 끼고 겨우 수영장에 들어갔던 둘째는 아무것도 없이 팔을 휘저으며 앞으로 나가는 모습이 대견했다. 배영을 하며 수영장 레인을 몇 번이고 도는 첫째를 보니 많이 큰 것 같았다.

"출출하지 않아요? 우리 차 마시고 산책할까요? 내가 근처 맛있는 티룸을 알고 있어요."

수업을 마치고 리얀은 카페들이 모여 있는 작은 마을로 나를 데려가 주었다. 간단히 샌드위치를 먹고, 근처 작은 가게들을 구경했다.

"이건 크리스마스 크래커(Christmas cracker)라고 하는데, 끝을 잡아당기면 선물이 나와요."

"크래커? 쿠키 같은 것이 들어 있는 건가요?"

"뭐 과자일 수도 있는데 보통 작은 장난감이나 선물이 들어 있어요. 아이들이 좋아해요. 런던 가면 종류가 더 많을 테니까 기념으로 사 봐요."

"이거 먹어봤어요? 스카치 에그(scotch egg)라고 삶은 계란에 고기와 밀가루를 입혀 튀긴 음식이에요. 마트에서도 팔아요."

"그렇군요. 사실 잘 모르는 음식을 선뜻 못 사겠더라고요."

그날 하루 리안이 가이드가 되어 영국 음식과 문화에 대해서 설명해 주었다. 20대 때 여행 다닐 때는 새로운 음식이 궁금하고 그들의 문화를 배우고 싶었는데, 나이가 드니 그런 것이 점차 없어졌다. 실패가 두렵고, 모험하고 싶지 않은 마음 때문이다. 그리고 무엇보다 주변에 대한 호기심도 거의 없어져 내가 뭐가 궁금한지도 모를 지경이었다. 영국 와서도 아이들을 학교에 적응시키느라 바빴지 영국에 대해 알아보려 하지도 않았다. 하지만 리안 덕분에 그동안 지나쳤던 영국 빵과 쿠키, 식재료에 관심이 생기기 시작했다. 산책을 마치고 리안은 집 앞까지 차로 데려다 주었다. 집에 오는 길에도 우리 동네 곳곳의 맛있는 찻집과 산책하기 좋은 장소를 소개해주었다. 늘 지나가던 길인데 새롭게 보였다.

"이번 주말에 우리 집에 저녁 먹으러 올래요?" 집에 내려주면서 리안이 갑자기 저녁 초대를 했다. 우리가 한국으로 돌아가기 전에 꼭 한 번 같이 플레이데이트나 저녁을 먹고 싶다고 했다. 자기 집이 외진 곳이라 찾기 힘들 거라고 우리 집까지 직접 데리러 오겠단다. 황송한 초대였다.

리안의 집은 깊은 산속 작은 농가였다. 집 앞에 펼쳐진 작은 언덕이 그들의 정원이었다. 리안의 남편이 아이들을 데리고 언덕 곳곳을 보여주었다. 딸을 위해 직접 지었다는 작은 오두막집이 있었는데, 정말 그림 같았다. 집으로 들어가니 영화 속에서나 보던 장작이 타고 있는 진짜 벽난로가 있었다. 온기가 집 전체에 가득 차서 훈훈했다. 벽난로가 이렇게 따뜻할 줄이야.

○ 딸을 위해 지은 작은 오두막집과 드넓은 정원

○ 따뜻했던 저녁 식사

리얀이 우리를 데리러 온 사이 저녁은 거의 소피의 아빠가 준비하고 있었다. 이미 밥을 지었고, 테이블 세팅도 다 해두었다. 우리 집에서는 볼 수 없는 풍경이다. 아이들도 신기했던지 "엄마, 영국은 아빠들이 요리를 많이 하나 봐."라고 말한다. 아이들이 즐겨 보는 TV 만화에도 앞치마를 두르고 식사 준비를 하는 아빠와 신문을 보면서 차를 마시는 엄마의 모습이 나와서 신선했는데, 그런 광경을 실제로 보게 되다니 부러울 따름이다. 영국 아이들은 TV와 실생활에서 평등한 부모의 모습을 배운다. 내 아들도 저런 아빠와 남편이 되었으면 좋겠다는 생각을 했다.

저녁 메뉴는 훠궈(중국식 샤브샤브)였다. 야채와 고기, 버섯, 어묵을 하얀 국물과 빨간 국물에 나눠 담갔다가 땅콩 소스에 찍어 먹는 요리다. 영국에서 오랜만에 맛보는 중국 음식에 싱가포르 맥주, 우롱차까지 곁들이니 천국이 따로 없다. 영국에서는 차나 핫초코와 같은 따뜻한 음료를 제외하고는 따뜻한 먹거리가 없다. 기껏해야 스프 정도인데 뜨끈뜨끈하면서 속까지 온기가 느껴지는 동양식 국물 요리와는 다르다. 리얀의 메뉴는 매콤하면서도 따뜻한 국물이 그리운 쌀쌀한 날씨에 맞는 완벽한 저녁이었다.

"소피가 태균이를 많이 그리워할 거예요. 영국에 다시 올 일은 없어요?"

"글쎄요. 아직은 계획이 없네요. 우리 아이들도 여길 많이 그리워할 것 같아요."

"한국 학교가 엄격하고 공부도 많이 해야 한다는데, 아이들이 힘들겠어요. 싱가포르도 그렇거든요. 싱가포르에 있는 소피보다 훨씬 어린 조카들도 모두 읽고 쓰기를 다 한대요. 싱가포르에서 살고 싶다가도 소피를 생각하면 여기가 훨씬 나은 것 같아요."

"맞아요. 나도 아이들이 학교에서 스트레스 받을까 봐 걱정도 되지만 적응해야겠죠."

"싱가포르 살 때는 한국 드라마도 많이 보고 친구들이랑 한국 얘기도 했는데, 여기서는 그럴 일이 없네요. 동양인이 없기도 하고요."

자상한 영국인 남편과 완벽한 영어를 구사하며 불편할 것이 없어 보였던 리얀도 고향이 가끔 그립다고 했다. 남편이 싱가포르 음식을 좋아해서 자주 해먹지만 아쉬울 때도 많다고 한다. 내 눈에는 아름다운 자연과 그림 같은 집에서 여유롭게 생활하고 있는 것 같아 부럽기도 한데, 막상 그것이 일상이 되면 외로움이 생기나 보다. 하긴 같은 나라에서도 고향이 아닌 곳에 살면 가끔 외로운데, 외국에 있으면 더 그럴 것 같다. 소피를 학교에 보내고 나서 친구를 집으로 초대해서 밥을 함께 먹은 게 처음이라고 하니 더욱 그 마음이 느껴졌다. 식사를 마치고, 소피네 집이 너무 좋아 돌아가기 싫다는 눈치 없는 아이들을 겨우 달래어 돌아왔다. 아이들에게도 나에게도 잊지 못할 경험이었다.

영국에서 보낸 리얼 크리스마스

"크리스마스 장식은 다 끝냈어? 무슨 음식을 할지 고민이네. 이번에 오는 손님이 채식주의자라 채식 요리를 준비해야 하는데 뭘 해야 할지."

"난 요즘 며칠째 미니마우스를 사려고 돌아다니고 있는데 도통 찾을 수 없네. 손녀딸이 좋아하거든."

"어제 크리스마스트리 장식을 하는데, 전구가 고장 났지 뭐야. 오늘 마치고 사러 가야겠어."

크리스마스가 다가오자 미술 수업을 같이 하는 할머니들도 크리스마스 준비로 바빠보였다. 선물과 음식을 고민하고, 가족들이 언제 모이는지 얘기를 나누는 것을 들으니 마치 우리나라 설을 준비하는 모습과 비슷했다. TV 광고도 모두 크리스마스 분위기로 가득하다. 각종 세일은 물론 크리스마스 선물 소개까지. 마치 한복을 입고 "새해 복 많이 받으세요!"라고 인사하며 선물 세트를 소개하는 우리나라 광고와 비슷하다. 크리스마스는 영국 최대 명절이다.

마트와 거리의 상점들도 모두 크리스마스 옷을 입었다. 도서관에도 크리스마스 관련 책 코너가 따로 마련되었다. 크리스마스 요리책, 장식하는 책, 아이들과 함께 크리스마스 소품을 만드는 책, 크리스마스 관련 소설, 산타가 나오는 어린이용 책까지. 크리스마스 영화와 소품 만들기 수업도 한창이다. 크리스마스 영화만 틀어주는 채널도 있다. 어디를 가든지 크리스마스 분위기다. 크리스마스카드를 구입하고, 각종 오너먼트와 소품을 구입하는 사람들의 모습도 눈에 띈다. 우리나라는 크리스마스카드는 물론 새해 연하장도 거의 없어진 것 같은데 영국 사람들은 여전히 카드를 손수 적어 우편으로 보낸다고 한다. 자원봉사를 하던 가게에서도 마지막 날 매니저가 직접 쓴 크리스마스카드를 주었다.

가장 재미있는 크리스마스 아이템은 '재림 달력(Advent Calender)'이다. 크리스마스 D-day 달력인데, 12월만 있고 날짜마다 주머니가 달려 있다. 주머니에는 초콜릿이나 장난감이 있어 아이들이 크리스마스 전까지 매일 열어서 선물을 갖게 된다. 12월 한 달 내내 선물을 받는 셈이다. 매일 작은 선물을 받으며 크리스마스를 기다리는 즐거움이 쏠쏠하다. 직접 천으로 만든 재림 달력을 선물하기도 하고, 손쉽게 마트에서 구입할 수도 있다. 아이가 있는 집에서는 12월 전에 미리 준비해야 하는 필수 필수품이다. 아이들에게 초콜릿이 있는 달력을 사줬더니 매일 하나씩 열어보는 재미로 크리스마스를 기다렸다. 별것 아닌데도 날짜를 꼭 지켜 열어보는 모습이 귀엽기도 했다.

○ 크리스마스 분위기가 물씬 나는 거리

○ 한 달 동안 거리를 밝혀줄 크리스마스 불빛

크리스마스 점퍼(Christmas jumper) 역시 영국 크리스마스에서 빠질 수 없다. 영국에서는 우리가 알고 있는 맨투맨이나 스웨터를 '점퍼'라고 한다. 크리스마스 점퍼는 크리스마스 시즌에 입는 스웨터인데, 코가 두드러진 루돌프가 그려져 있거나 캐럴이나 불빛, 난로가 나오는 독특한 디자인과 콘셉트가 많다. 영화 〈브리짓 존스의 일기(Bridget Jones's Diary)〉에서 마크가 루돌프가 크게 그려진 크리스마스 점퍼를 입고 나오는 장면이 있다. 마크의 엉뚱하고 어리숙한 면을 부각시키기 위한 소품이라고만 생각했는데 영국에 와 보니 성인들도 크리스마스에 많이 입는 옷이었다. 마트나 상점에서도 모든 직원들이 입고 아이들은 물론 할머니, 할아버지들도 입고 다닌다. 12월 15일 즈음에는 '크리스마스 점퍼 데이'라는 기부 행사도 있다. 아이들도 학교에서 그날은 교복이 아닌 크리스마스 점퍼를 입고 하루를 보낸다. 영국인의 90% 이상이 크리스마스 점퍼를 구입한다고 하니 크리스마스를 보내기 위한 필수품인 듯하다.

12월 첫째 주 주말에는 타운에서 크리스마스 점등식과 불꽃놀이가 있었다. 그날 역시 비가 부슬부슬 내리고 으슬으슬한 추위가 느껴지는 날이었지만, 사람들은 우산도 쓰지 않고 행사를 즐기는 모습이었다. 지역 단체의 크리스마스캐럴 공연만으로 크리스마스 분위기가 물씬 느껴졌다. 빨간 망토를 입은 한 남자가 여자와 함께 거리를 다니며 지역 주민들과 악수하고 있었다. 전에 봤던 시장님 부부였다. 여전히 경호원 없이 복잡한 곳을 직접 비집고 들어가는 것을 보니 역시 격식을 차리지 않는 모습이다. 과외 선생님 말로는 유난히 이번 시장이 사람들과 직접 만나고 소통하기를 좋아해서 인기가 많다고 한다.

길에는 놀이기구와 장난감들이 가득했다. 온 거리가 일일 놀이공원이 된 것 같았다. 일요일은 거의 열지 않거나 오후 3시만 되면 문을 닫는 가게들도 이날은 타운에 지역 사람들이 다 모여서인지 7시까지 문을 열었다. 각종 스트리트 푸드와 솜사탕, 풍선 판매까지, 어릴 적 부모님과 특별한 날에 갔던 놀이공원 생각이 났다. 세련되지 않고 소박하고 조촐한 규모와 분위기다. 그래도 아이들은 즐거워하는 것을 보니 중요한 것은 장소가 아니라 가족이 함께 보내는 시간이라는 생각이 들었다.

거리 끝에서 사슴 두 마리를 발견했다. 옆에는 사슴이 끄는 썰매까지 있어 꽤나 새롭고 신기했다. 아이가 얼른 달려가서 사슴을 돌보는 사람에게 물어본다.

"이 사슴 날 수 있어요?"
"그럼, 아마 크리스마스이브에는 날아다니느라 바쁠 거야."

아이의 눈높이에 맞는 진지한 대답이다. 아이는 크리스마스에 날아다니는 사슴을 봤다고 신이 났다. 아직 아이들은 산타의 존재를 믿는다. 정말 저 사슴이 난다고 믿는 걸까. 확인해보려다가 묻지는 않았다. 언제쯤 밝혀야 할지 고민이다. 오후 5시가 되자 거리에 불이 들어오고 불꽃놀이가 펼쳐졌다. 깜깜했던 타운이 금세 환해졌다. 골목마다 달려 있는 장식에도 불이 들어왔다. 크리스마스 분위기가 한껏 느껴진다. 크리스마스 점등식을 시작으로 타운에 크리스마스 행사가 하나씩 열린다. 지역 도서관에서는 아이들을 위한 크리스마스 연극을, 타운의 모든 가게들은 크리스마스 특별 나이트 쇼핑을 시작했다. 그런데 나이트 쇼핑인데 시간은 오후 4시부터 6시 30분까지다. 평소 4시 전에 가게를 닫는 것을 생각하면 크리스마스 시즌이라 꽤나 큰맘 먹은 영업시간이다. 식당에서는 크리스마스 특별 메뉴를 판매하고, 교회와 지역 단체에서는 크리스마스 캐럴 행사가 열린다. 타운에서만이 아니라 다른 지역에서도 크리스마스 점등식이 이어진다. 우리 마을의 작은 광장에 크리스마스트리가 세워졌다. 영국에서 보낸 특별한 2018년의 크리스마스를 오래오래 잊지 못할 것 같다.

04

콘월, 데번 그리고 런던에서 보낸 시간들

AUTOMOBILE

만만치 않은 콘월 여행길

영국에 간다고 했을 때, 많은 사람들이 유럽 여행을 추천했다. 비싼 비행기표를 끊었으니 최대한 많이 보고 오라고 말이다. 처음에는 열흘의 단기 방학 동안 파리 여행을 해볼까도 생각했지만 곧 마음을 접었다. 아이들을 데리고 런던에서 파리까지 가서 여행하고, 다시 런던을 거쳐 집으로 돌아올 생각을 하니 도저히 엄두가 나지 않았다. 한창 힘과 열정이 넘쳤던 20대 때의 유럽 여행만 하더라도 최대한 많은 나라를 돌아다니는 게 남는 거라며 반나절 정도 유명 관광지만 보고 그날 밤 국경을 넘는 야간열차를 타기도 했다. 그때는 혼자였으니 가능했지만 지금은 아이 둘을 데리고 다른 나라까지 그렇게 여행하는 것은 엄두가 나지 않았다.

마침 아이들의 방학에 맞춰 남편이 영국에 오기로 했다. 기대하지 않았던 동반자가 생긴 것이다. 아이들과 콘월 여행을 하려고 대중교통편을 알아보던 참이었다. 콘월에 가는 버스와 기차가 있었고, 시간표만 잘 지켜서 움직이면 아이들과 갈 수 있을 것 같았다. 그런데 생각지 못한 든든한 운전기사의 등장으로 콘월을 더 많이 여행할 수 있게 된 것이다. 남편이 런던에서 차를 렌트해서 우리가 있는 곳으로 와서 같이 여행을 시작하기로 했다.

여행 동선을 짜려고 보니 생각보다 콘월 지역이 넓었다. 처음에는 콘월이 한 도시의 지명이라고 생각했는데, 우리나라로 치면 경상도나 전라도에 해당하는 하나의 자치주(county)였던 것이다. 그래도 차가 있으니 좀 더 많이 다니려고 빡빡하게 일정을 짰는데, 알아보니 콘월은 관광지가 정해져 있어 2박 3일이면 충분히 볼 수 있다고 한다. 우리 가족이 언제 영국에, 그것도 남서부의 끝인 콘월 지방으로 여행을 가겠는가.

여행에서 가성비를 최고로 따지는 남편은 차가 있으니, 유명하고 좋다는 곳은 다 둘러보자고 했다. 신이 났다. 영국에서 떠나는 가족 여행이라니! 아이들은 차에서 자면 되고, 한 끼 정도는 간단히 샌드위치로 해결하면 되니까 힘들어도 열심히 다녀보기로 했다. 꼼꼼한 남편은 시간 단위로 여행 스케줄을 짰다. 그렇게 잔뜩 부푼 기대를 안고 콘월 여행을 시작했다. 아침 일찍 네 식구가 차에 올랐다. 남편은 한국에서 미리 챙겨온 노래를 틀어주었고, 아이들도 들떠 있었다. 노랗게 물든 나무와 파란 하늘, 오랜만에 느끼는 가을이었다. 길옆의 잔디에는 소와 양들이 풀을 뜯고 있었다. 정말 내가 영국 영화 속에 있는 것 같았다. 이런 여유와 감탄도 잠시, 남편이 당황하기 시작했다.

"이 길이 맞나? 분명 내비게이션은 이 길이라고 하는데."

"그러면 일방통행이겠네. 차 한 대도 겨우 지나갈 길인데, 설마 반대 쪽에서 차가 들어올 수 있겠어?"

말이 끝나기가 무섭게 일방통행이 아님을 증명하는 듯 반대 방향에서 다른 차가 오더니 이내 상향등을 켠다. 한국에서는 경고와 위협의 의미로 더 많이 쓰이는지라 갑작스러운 상향등에 남편이 어쩔 줄 몰라 했다. 그걸 보고 내가 남편에게 말했다. "저건 먼저 가라는 신호야. 멋지게 손인사를 해주면 돼. 여기서는 이게 예의야." 내 말에 겨우 한 박자 늦게 손을 들어 고맙다는 표시를 했다. 상대 차량이 여러 번 조절해준 덕분에 겨우 지나갈 수 있었다. 너무 한쪽으로 치우쳐서 사이드미러가 접히고 조금 긁히긴 했지만.

"아니, 이거 너무한 거 아냐? 이건 차도가 아닌데."

도로가 좁은 것도 모자라 급커브까지 있다. 일반적으로 급커브 길에 설치된 볼록거울 같은 건 없었다. 그래도 반대 방향에서 오는 차는 우리가 오는 줄 용케 알고, 미리 정차를 하고 있었다. 도착지가 10분 정도밖에 남지 않았는데 둘째 아이가 칭얼댄다.

"엄마, 머리 아프고 배 아파."
"조금만 참아. 곧 도착해. 여기선 차를 세울 수 없어."
"못 참겠어. 너무 아파. 엄마."

○ 맑고 깨끗한 가을 하늘과 유유자적한 양들

○ 양방향이라고 믿을 수 없을 만큼 좁은 차도

○ 펜잰스 에어비앤비. 아이들이 좋아했던 3층집이었다

급커브와 경사길이 계속되자 멀미가 난 것이다. "봉지 없어? 가방이라도 갖다줘봐!" 긴장하며 운전하느라 예민해진 남편이 급기야 소리를 지른다. 우웩. 늦었다. 놀란 아이는 울기까지 한다. 도로가 조금 넓어지는 곳이 나오자 잠시 정차를 하고 아이를 수습했다. "정말 영국 도로 최악이다. 어떻게 다들 운전하고 다니지?" 10분 만에 도착할 줄 알았던 목적지는 30분이 지나서야 겨우 도착했다. 회전교차로(roundabout)에서 헤매다 다른 곳으로 가고, 교차로에서 신호를 놓쳐서 예상보다 길에서 시간을 많이 보냈다.

결국 여행 계획을 전면 수정했다. 남편이 너무 신경을 써서 운전한 탓인지 허리와 어깨가 아파 도저히 운전을 못하는 상황에 이른 것이다. 한국에선 20년 무사고 운전자였는데, 영국에서 반나절 만에 이렇게 긴장할 줄이야. 방향만 익숙해지면 괜찮을 줄 알았는데, 도로 상황까지 이렇게 안 좋을 줄은 몰랐다. 그나마 영국 운전자들이 뒤에서 재촉하지 않고, 먼저 양보를 해주어서 사고가 나지 않은 게 다행이었다. 우여곡절 끝에 우리는 숙소에 도착했다. 결국 계획했던 여행지를 절반으로 확 줄였다. 큰마음 먹고 온 콘월 여행인데 예정대로 많은 곳을 가지 못해 아쉬웠지만 여유롭게 즐길 수 있는 것에 위안을 삼기로 했다.

가을을 걷다

– 더 로스트 가든 오브 헬리건

'가드닝(gardening)'은 영국에서 인기 있는 취미다. 작은 집이라도 입구에 텃밭과 화단을 가꾸는 경우가 많고, 마트에 가면 플라워 코너가 따로 있어서 원예 관련 물건을 쉽게 구입할 수 있다. 우리가 머물던 작은 마을에도 가드닝을 위한 부인들의 모임이나 정원사들의 모임이 따로 있을 정도였다. 게다가 조경사나 원예사는 영국에서 인기 있는 직업이기도 하다.

영국에는 곳곳에 정원이 많다. 내가 가지고 있던 정원의 이미지는 드라마에서 봤던 것처럼 부잣집의 커다란 대문이 열리면 넓게 펼쳐진 잔디와 희귀한 나무들과 작은 연못, 그리고 하얀 테이블과 의자가 한편에 있는 부의 상징 같은 것이었다. 하지만 영국의 정원은 생활 그 자체다. 영국인들에게 정원은 여가생활이나 마찬가지여서 집과 가까운 지역의 정원은 연간 회원권을 구입하여 자주 산책을 한다고 한다. 그들이 일컫는 가든(garden)은 집 앞의 작은 화단부터 하나의 마을만 한 웅장한 크

○ 양을 모는 양치기 개

○ 살아 있는 것 같은 거인의 머리(Giant's head)

○ 밀림에 온 것 같은 느낌의 다리

기까지 모든 종류와 규모의 정원들을 말한다. 한국의 식물원이나 생태 공원 규모에 해당하는 정원이 영국 전역에 3천여 개가 넘고, 주말에 근교의 정원 나들이를 흔히 즐길 정도로 영국인들의 일상에서 가까운 존재다. 정원 안에는 그곳에서 직접 재배한 식자재로 차와 음식을 맛볼 수 있는 카페가 있고, 공연과 콘서트가 있는 문화 공간이기도 해서 가족들과 주말을 보내기에 더없이 좋은 장소다.

콘월 지방에도 여러 정원들이 있는데, 우리 가족이 선택한 곳은 '로스트 가든 오브 헬리건(헬리건의 잃어버린 정원)'이었다. 콘월의 유명한 관광지기도 하지만, 영국 정원사들이 최고로 꼽는 곳이다. 이곳은 원래 18세기 트레이만(Tremayne)가문의 저택에 있는 정원이었다. 20명이 넘는 정원사들이 관리할 정도로 크고 멋진 곳이었지만, 제1차 세계 대전 때 정원사들이 참전한 후 돌아오지 못해 자연스레 관리가 되지 않았다. 온갖 덩굴나무와 가시덤불에 덮여 방치되고 그렇게 잊혀졌다. 전쟁이 끝난 후에도 개발되거나 팔리지 않다가 1992년 에덴 프로젝트의 지휘자인 팀 스미트와 트레이만 가문의 자손인 존 윌리스, 전문 원예사와 정원사들의 자원봉사로 복원되기 시작했다. 정원사들이 머물던 장소도 대부분 그대로 복원되었고, 빅토리아 시대부터 있었던 영국 토종 식물들과 각종 과일, 채소, 허브 등이 전통적 방식으로 재배되고 있다고 한다. 정원 내에서 직접 길러지는 돼지와 양, 소도 가까이서 볼 수 있다. 빅토리아 시대의 영국 정원은 저택에 사는 사람들이 자급자족하는 생산의 공간이었다고 한다. 그래서 작물별로 가꾸는 텃밭은 물론 가축의 사육 공간까지 있는 것이다. 특히 이곳은 해안과 가까운 지역이라 이국적인 열대식물들이 많고, 다른 정원에서는 볼 수 없는 모습으로 조성되어 있어 정원사나 원예사들이 최고로 꼽는 정원 중 하나라고 한다.

24만 평이 넘는 규모여서 둘러만 봐도 반나절은 족히 걸릴 것 같다. 먼저 점심을 먹기 위해 정원 내 카페에 들렀다. 콘월 지역의 음식인 코니시 페이스트리(cornish pastry)를 주문했다. 양념된 돼지고기가 들어 있는 빵인데, 고기가 있어서인지 평소 빵을 거의 먹지 않는 작은아이도 하나를 금세 해치웠다. 허기를 채우고 산책을 시작했다. 구름 한 점 없는 깨끗한 하늘에 선선한 가을바람마저 부니 산책하기 딱 좋은 날씨다.

우리나라도 그렇지만, 영국의 가을 역시 상쾌하고 깨끗하다. 다만 그 기간이 짧은 게 아쉬울 뿐이다. 운전 때문에 긴장했던 남편도 흙을 밟으며 걸으면서 조금씩 여유를 느끼는 모습이었다. 아이들도 낙엽을 밟으며 가을을 한껏 즐겼다. 할로윈 시즌이라 곳곳에 할로윈 장식이 되어 있었다. 다양한 곤충을 보고 만질 수 있는 체험장도 있고, 만들기를 할 수 있는 곳도 있다. 보고, 먹고, 체험하고, 걷다 보면 반나절이 훌쩍 지나간다. 정글을 지나가는 느낌이 들었던 흔들다리를 지나 오솔길을 걸었다. 새가 지저귀는 소리에 잠시 걸음을 멈추고 숲을 쳐다보았더니 주황빛의 작은 새가 지저귀고 있었다.

“엄마, 들었어? 저렇게 예쁜 노래를 부르는 새는 로빈(robin)이야.”

“로빈? 새 이름을 어떻게 알았어?”

“우리 학교에서 자주 봤던 새야. 집에 올 때쯤에는 올빼미 우는 소리도 들을 수 있어. 여기도 올빼미가 살고 있겠지?”

"엄마, 저 새는 암컷이야. 옆에 까만 새는 수컷이고. 부리가 노란 건 새끼야. 먹이 잡는 연습을 해야 해서 자주 땅으로 내려오는 거야. 연습 많이 해, 새끼들아."

나도 새에 대해서는 무지하기에 아이의 말이 사실인지 확인할 길은 없지만 말하는 것만 듣고 있으면 새 전문가 수준이다. 학교가 숲으로 둘러싸여 있고 집 주위에도 다양한 곤충과 새, 다람쥐, 토끼가 많아서 그런지 동물에 익숙하다. 신기하기도 하고, 이런 환경에서 자연스럽게 자연을 배우는 영국 아이들이 부럽다. 실제로 많은 영국인들이 전문가에 버금갈 정도로 식물이나 동물 이름을 많이 알고 있다. 숨을 크게 들이쉬어 영국의 가을을 마셔본다. 미세한 먼지 하나 없는 청정지역에 있는 느낌이다. 길을 걷다 18세기의 농부와 메이드를 만날 것만 같은, 과거로 떠나는 여행을 즐길 수 있던 하루였다.

과거로 떠나는 여행

– 세인트 마이클스 마운트
& 미낙 극장

펜잰스(Penzance)에서 이틀 동안 머물기로 한 것은 탁월한 선택이었다. 처음에는 무리해서라도 많은 곳을 가보고 싶어서 다른 지역에서 하루씩 묵어볼까 했었다. 하지만 차를 타고 이동하더라도 아이들과 숙소를 옮기는 것은 반나절 정도는 걸릴 것 같아 한곳에 묵기로 했다. 우리가 묵었던 곳은 3층집이었다. 햇살이 비치는 높은 천장에 달린 유리창과 기울어진 벽 모서리에 있는 침대까지. 마치 동화 속으로 들어온 느낌이었다. 아이들이 여행 중 가장 기억에 남는 것이 숙소였다고 말할 정도로 너무 예쁜 집이었다.

우리는 느지막이 일어나 팬케이크와 우유로 아침을 먹고 세인트 마이클스 마운트(St. Michael's Mount)로 향했다. 숙소에서 그리 멀지 않은 곳이었다. 세인트 마이클스 마운트는 '영국판 몽생미셸'이다. 1066년 노르만인들이 이곳을 정복했을 때 프랑스의 몽생미셸과 너무 닮은 것을 보고 베네딕트 수도사들을 초빙하여 수도원을 지었다고 한다. 프랑스 전

○ 물이 빠진 세인트 마이클스

○ 세인트 마이클스의 거인 전설에 대해 설명하던 스토리텔러

○ 손수 나른 돌과 흙으로 지어진 야외극장

쟁 이후 프랑스 수도회와 단절되고 영국 왕실의 소유로 있다가 1650년 세인트 오바인(St. Aubyn) 가문이 사들이면서 그들의 거주지가 되었다. 1800년대에는 200명이 넘게 거주하던 마을이었고, 내셔널 트러스트(National Trust)에 의해 관리되고 있는 지금도 관리인을 비롯하여 사람들이 살고 있다고 한다.

콘월 여행을 계획할 때 내셔널 트러스트 회원인 경우 입장료가 무료인 곳이 많아서 어떤 단체인지 알아봤다. 입장료를 내야 하는 곳이 많다면 아예 회원 가입을 하는 것이 좋을 것 같아서였다. 내셔널 트러스트는 토지나 자연, 건축물을 그 소유자의 기증이나 유언으로 받아서 보전·유지하고 일반인들에게 공개하는 단체다. 관광 목적이 아니라 잘 보존하여 다음 세대에게 물려주는 것이 목적이라 기부금이나 입장료로 관리한다. 정기적이고 지속적인 후원이 필요하기 때문에 연간회원 및 평생회원을 모집하고 있었고, 회원들은 내셔널 트러스트에 속해 있는 장소(영국 전역에 500개가 넘는다고 한다)에 무료로 입장하고 주차할 수 있는 혜택을 받을 수 있다. 『피터 래빗』의 작가 베아트릭스 포터 역시 자연의 보존에 관심이 많았는데, 집안의 유명 휴가지였던 레이크 디스트릭트를 나라에서 개발하려고 하자 그 지역 대부분을 사들여 내셔널 트러스트에 기부했다고 한다. 셰익스피어의 단골 펍으로 유명한 런던의 조지 인(Gorge Inn)까지 내셔널 트러스트에 의해 관리되고 500년이 넘게 운영되고 있다고 하니 단체의 영향력과 노력이 실로 대단하다. 사유지를 기꺼이 단체에 기부하는 사람들과 그것을 유지하고 보존하는 단체의 노력이 영국의 아름다운 유산을 지켜 낸 것이다.

○ 벼랑 끝에 있는 미낙 극장

세인트 마이클스 마운트를 방문할 때는 홈페이지를 통해 물이 빠지는 시간과 성이 개방되는 시간을 확인하고 일찍 가는 것이 좋다. 물 빠지는 시간에는 걸어서 갈 수 있지만, 들어오는 시간에는 배를 타야 하기 때문이다. 성 내부를 개방하는 시간도 계절별로 다르기 때문에 잘 확인해야 한다. 평일이었는데도 불구하고 점심 이후가 되자 입장하는 사람이 많아졌다. 성에 가기 위해 산책로를 올라가다 보니 18세기 후반, 성을 보호하기 위해 설치된 대포들이 보인다. 그 공간에서 한 여자가 스토리텔링을 하고 있었다. 우리도 걸음을 멈추고 이야기를 들었다. 한 편의 모노 연극을 하는 것 같은 몸짓 뒤로 파란 바다와 하늘이 펼쳐져 있다.

성 안은 작은 박물관이다. 아이들은 입구에서 받은 보물찾기 안내서(treasure quest)를 이리저리 꼼꼼히 살펴본다. 자칫 아이들이 지루하게 느낄 수 있는 공간에서 이런 활동을 할 수 있다는 것이 참 좋았다. 활동지를 완성하면 상품을 주기 때문에 아이들은 나보다 더 열심히 성 곳곳의 안내문을 꼼꼼히 읽었다. 밖에서 본 성의 규모는 컸지만 집무실이나 침실을 보면 그리 큰 것 같지 않았다. 아마도 예전 사람들의 덩치가 지금보다 작아서 그런지 침대나 책상의 크기는 상상했던 것보다는 소박하다. 그래도 고풍스러운 벽난로와 화려한 그림들을 보니 부유층의 생활을 짐작할 수 있었다.

해안가의 작은 레스토랑에서 점심과 와인을 먹은 후 다음 목적지인 미낙 극장(Minack theatre)으로 향했다. 미낙 극장은 해안가 절벽 위에 있는 야외극장이다. 연극을 좋아했던 로웨나 케이드(Rowena Cade)는 직접 자신의 정원사들과 함께 이곳에 극장을 만들었다. 30대 후반부터 80대중반까지 직접 돌을 자르고, 흙을 메우고, 삽으로 자갈을 골라내는 작업까지 했다고 하니 경이롭다는 말이 절로 나온다. 게다가 직접 옷을 만들고 디자인해서 연극 의상을 만드는 일까지. 그녀의 열정과 노력이 대단하다. 미낙(minack)은 콘월 언어(cornish)로 '바위'라는 뜻으로, 돌로 만든 극장이라는 뜻이다. 무대는 물론 계단과 좌석까지 모두 돌로 되어 있다. 좌석에 앉아서 무대를 바라보고 있는 것만으로 무언극(無言劇)을 보는 느낌이다. 셰익스피어의 '한여름 밤의 꿈'을 시작으로 1929년부터 매년 여름마다 다양한 공연이 열린다고 한다. 우리가 갔던 시기는 이미 찬바람이 쌩쌩 부는 10월 말이라 아쉽게도 공연이 거의 없었다. 좌석에는 지금까지 공연된 연극과 뮤지컬의 제목이 적혀 있고, 무대 옆으로 조명과 음향 시설이 설치되어 있었다. 극장이 거의 벼랑 끝에 있는 데다 길이 가파르기까지 해서 내려가는 것만으로도 다리가 후들거리고 아찔했다. 이 가파른 길을 무거운 돌과 흙을 직접 들고 오르내렸다고 생각하니 다시 한번 그녀가 존경스러웠다.

숙소로 가기 직전, 마지막으로 영국 서남쪽의 끝인 땅끝 마을(Land's end)을 들렀다. 아직 한국의 땅끝 마을도 안 가봤는데 영국에서 와 보다니. 5시가 넘어 도착한 탓에 대부분의 상점이 문을 닫았지만 아름다운 해안과 절벽을 보는 것만으로도 성공했다. 게다가 돈 내고 찍어야 하는 포토 스폿의 관리인이 퇴근해버려서 공짜로 찍을 수 있었다. 해변이라 바람이 엄청 불어서 사진은 마음에 들지 않지만, 영국의 서남단에 왔다는 인증샷은 남긴 셈이다.

○ 영국의 땅끝에 서다

콘월에서 만난 인생 '크림티'

나는 커피를 좋아한다. 홍차의 나라인 영국에서도 차를 일부러 마실 생각은 해보지도 않았다. 한국에서 몇 번 밀크티를 마셔보긴 했지만 커피를 훨씬 더 좋아했다. 커피 맛을 잘 알지는 못하지만, 커피의 향을 좋아한다. 하지만 홍차는 그렇지 않다. 커피가 가지고 있는 은은한 향도, 독특한 쓴맛도 없다. 그냥 떨떠름하고 깔끔하지 않던 맛이 홍차에 대한 내 기억이다. 녹차를 제외하고는 차를 거의 마시지 않을 정도로 관심이 없어서 특별히 영국에 왔다고 차를 즐기지는 않았다. 콘월에 다녀오기 전까지는 말이다.

"콘월에 왔으니 크림티를 마셔보자. 유명한 곳을 알아왔어."

맛집 검색 담당인 남편이 유명한 티룸을 알아왔다. '크림티? 밀크티 같은 건가. 좋아하지 않지만 한 번쯤 먹어보긴 해야지'하는 마음으로 카페에 들어갔다. 크림티를 시켰더니 스콘과 홍차가 나온다. 그리고 딸기 잼과 크림도 곁들여 나왔다. "크림티 먹어봤어요? 스콘을 잘라서 잼과 크림을 발라서 먹는 거예요. 잼을 먼저 바르고 그 위에 크림을 발라 먹어보세요." 종업원이 먹는 방법까지 상세하게 알려준다. 따뜻한 스콘과 홍차 그리고 크림과 잼의 조합은 정말이지 환상적이었다. 특히 크림이 정말 매력적이다. 노란색의 뻑뻑한 질감이라 버터인가 했더니 맛이 다르다. 클로티드 크림(clotted cream)이라고 한다. 저온 살균하지 않은 우유를 가열하여 만든 스프레드 타입의 크림인데 버터보다 조금 더 느끼하지만 뭔가 진하면서 고소하고 달콤한, 이제까지 먹어본 적 없는 새로운 맛이었다. 잼과의 궁합이 너무나 좋았다.

전 세계에 판매되는 대부분의 클로티드 크림이 콘월에서 생산된다고 하니 콘월에서는 꼭 클로티드 크림이 있는 크림티를 먹어야 한다. 갓 구운 스콘과 홍차가 이렇게 잘 어울리는지 처음 알았다. 따뜻한 스콘과 달달한 잼, 고소한 클로티드 크림과 쌉쌀한 홍차는 새로운 세계였다. 여행을 마치고 집으로 돌아갔더니 그제야 동네 카페마다 '크림티'라고 적힌 메뉴가 보이기 시작했다. 예전에는 관심도 없어서 우리 동네에서 크림티를 파는지도 몰랐다. 콘월과 데번이 서로 자기들이 '크림티의 원조'라고 주장할 정도로 남부지방에서 꽤 유명한 메뉴라는 걸 영국살이 두 달 만에 알게 된 것이다.

이후 스콘은커녕 홍차도 안 마시던 내가 이틀에 한 번꼴로 크림티를 마시러 다녔다. 크림티 마니아들 사이에서 논란이 있는 크림과 잼 바르는 순서도 바꿔 먹어보기도 했다. 콘월에서는 잼 다음에 크림을, 데번에서는 크림 다음에 잼을 발라야 한다고 주장한단다. 마치 탕수육 소스를 부어먹어야 할지, 찍어먹어야 할지를 결정해야 하는 것처럼 정답도 없고, 쓸 데도 없는 논쟁이다. 결론은 콘월식이든 데번식이든 둘 다 엄청나게 맛있다. 어찌 보면 나는 홍차보다 스콘의 매력에 빠진 셈이지만 이 조합은 정말 뗄 수 없다. 커피와 스콘을 같이 먹었더니 그 맛이 나질 않는다. 달콤하고 고소한 스콘의 맛을 커피향이 덮어서 망쳐버린 달까. 홍차처럼 은은하게 스콘의 풍미를 감싸지 못한다. 아, 이걸 먹어본 사람은 느낌을 아는데 뭐라 자세하게 설명을 못하겠다. 글을 쓰는 지금 이 순간도 입에 침이 고일 정도다. 영국에 가면, 특히 콘월을 갈 기회가 있다면 크림티는 꼭 마셔보길 바란다.

콘월 여행 이후로 나의 하루는 홍차가 커피를 대신했다. 20년 넘게 매일 마시던 커피였는데 생각이 나지 않을 정도였다. 나중에는 급기야 티포트까지 사서 매일 혼자 마셨다. 영국 사람들이 티타임이라고 말하는 11시는 특히 홍차가 그리운 시간이다. 제대로 홍차의 매력에 빠졌다. 영국에서 맛있는 커피를 찾을 수 없었던 이유가 있었다. 워낙 오랜 기간 홍차가 영국 사람들의 사랑을 받아서 커피가 발전할 틈이 없었던 것 같다. 평균적으로 영국인들이 하루에 7잔의 홍차를 마신다고 하니 대단한 사랑이다. 홍차를 마시기 시작하면서 홍차와 어울리는 디저트에도 관심을 가지기 시작했다. 영국 음식은 먹을 게 없고 맛도 없다고만 생각했는데 디서트는 종류가 많고, 정말 맛있다.

홍차와 디저트의 관심은 안타깝게도 나의 몸무게에도 변화를 가져왔지만 언제 이렇게 맛있는 것을 먹어볼까 싶어 자주 티룸과 빵집에 들렀

○ 콘월에서 즐긴 크림티. 클로티드 크림과 딸기잼의 조화가 예술이다!

○ 또 다른 찰떡궁합, 홍차와 티케이크

다. 수많은 디저트 중 스콘 다음으로 홍차와 어울리는 디저트은 바로 티케이크(tea cake)다. 처음 티케이크를 알게 된 것은 미술 수업에서였다. 차와 디저트를 주문받던 선생님이 "오늘은 구운(toasted) 티케이크(tea cake)가 추가되었어요."라고 말하는 것이었다. 다들 좋아하면서 주문하기에 나도 슬그머니 "저도 같은 걸로 할게요. 구운… 그거요."라고 주문했다. 이름 그대로 구운 케이크인 줄 알았는데 건포도가 박힌 발효빵이었다. 갓 구워서 버터를 발라 먹으니 바삭하고 고소하다. 역시 홍차와 잘 어울린다. 사람마다 다르겠지만, 내가 먹어본 홍차의 디저트는 케이크처럼 너무 단것보다는 스콘과 티케이크처럼 식감이 고소하면서 단맛이 나는 것이 어울린다. 한국으로 돌아올 때 홍차는 잔뜩 사왔지만, 스콘과 티케이크를 사올 수 없던 것이 못내 아쉽다. 영국에 살면서 가장 좋았고, 여전히 너무 그리운 것은 티룸에서 혼자 즐기던 홍차와 디저트다.

작고 아름다운 바닷가 마을

– 세인트 아이브스와 뉴키해변

내비게이션이 타운 근처 주차장을 알려줘서 그곳으로 가던 중이었다. 그런데 가다 보니 거의 차가 다니지 못할 길로 안내해서 당황하고 있었다. 주차장을 찾으려고 좁은 길을 들어서는데, 한 여자가 차를 세운다.

"잠깐만요, 지금 어디 가는 길이죠?"

"주차장이요."

"거기까지 운전하기 힘들어요. 보다시피 여기는 길이 아주 좁잖아요. 걸어가는 게 훨씬 빠르고 편해요. 차를 돌려서 이 길로 쭉 따라 가면 오른쪽에 큰 주차장이 있어요. 거기 주차하고 지금 보이는 이 작은 길로 내려가면 금방 타운이에요."

"감사합니다."

"별 말씀을요. 여기서 헤매는 사람이 많답니다. 즐거운 여행이 되길 바라요."

내비게이션은 늘 목적지까지 가장 빠른 길을 알려줄 뿐 그 길이 좁고 험하다는 것은 전혀 고려하지 않는다. 이번에도 거의 들어가지 못할 골목으로 우리를 안내했다. 긴가민가하며 내비게이션이 일러주는 대로 가려는 순간 한 영국 여자가 우리를 가로막은 것이다. 우리처럼 내비게이션에 의존하는 여행자들을 많이 만나본 것 같았다. 덕분에 안전하고 넓은 공간에 주차를 하고 좁은 길로 내려가니 길가에 아기자기한 주택들이 보인다. 벽에 걸린 화분과 알록달록한 명패들, 파스텔 톤의 현관문까지. 마치 동화마을에 온 것 같다. 타운에 들어서자 "정말 예쁘다!"라는 말이 저절로 나왔다. 아기자기한 가게들은 어디 하나 비슷한 곳 없이 저마다 개성이 있고, 테마가 있다. 카메라에 담는 순간도 아까울 지경이었다. 아이스크림을 입에 물고 목적 없이 그냥 걷기만 해도 행복한 거리였다.

타운을 지나 바닷가에 도착했다. 관광 중심지역이라 그런지 펍과 기념품 가게가 줄지어 서 있었다. 오전인데도 펍에서 맥주를 즐기는 사람이 많았다. 우리는 따뜻한 커피와 스낵을 들고 해변에 앉았다. 아이들은 모래놀이 삼매경에 빠졌다. 역시 아이들은 아름다운 풍경을 보고 관광하는 것보다 만지고 뛰어노는 게 최고다. 그렇게 바닷가에서 1시간이 훌쩍 지났다. 돗자리와 텐트, 간이의자를 가지고 해변을 찾은 가족도 많다. 어린아이 키만 한 개들도 함께 뛰어논다. 아이와 모래성을 쌓는 엄마, 캐치볼을 하는 아빠, 서핑슈트를 입은 가족들까지, 핸드폰을 들여다

○ 작은 골목들. 가끔 차가 지나가기도 한다

○ 세인트 아이브스(St. Ives)의 상점들

보는 사람은 하나도 없었다. 부끄러운 일이지만 나는 평소에 무의식적으로 핸드폰을 만지작거리거나 포털 사이트를 들락날락하며 의미 없는 기사를 읽는 편이다. 카톡도 괜히 한번 훑어보고, 인터넷 접속이 안 되는 곳에서는 예전에 찍어둔 사진이라도 다시 들여다보게 된다. 그런데 영국에 와보니 나처럼 놀이터에서 핸드폰만 쳐다보는 엄마들은 없었고, 핸드폰으로 아이의 사진을 찍는 사람도 거의 없었다. 아이를 바라보며 이야기하고, 놀아주면서 그 시간을 함께하는 부모들이 대부분이었다.

"여기서 핸드폰 보는 사람은 우리밖에 없네." 남편과 나는 서로 멋쩍게 웃으며 핸드폰을 집어넣었다. 이 멋진 풍경 앞에서 남편은 회사 일에, 나는 뉴스 기사에서 벗어나지 못하고 있었던 것이다. 엄마 아빠와 달리 아이들은 멋진 해변을 충분히 즐기고 있었다. 타운 구경을 할 때는 다리가 아파 더 이상 걷지 못하겠다더니 바닷가에서는 파도를 따라 계속 뛰어다닌다. 끝없이 모래를 퍼 올리고 쌓는다. 내가 아이들을 부르지 않으면 반나절은 저렇게 놀 것 같다. 핸드폰이 없어도 재미있는 게 많은 아이들이 부럽기만 하다. 해가 빨리 지는 데다 가로등이 없는 곳을 운전하기가 위험할 것 같아서 아쉬워하는 아이들을 재촉해서 얼른 집으로 출발했다. 이제 조금씩 콘월 지방의 매력에 빠지기 시작했는데, 벌써 집으로 돌아갈 시간이다. 뭐든지 끝날 즈음이 가장 아쉽다. 우리가 언제 다시 영국 남서부 지방에 올 수 있을까. 만약 다시 온다면 세인트 아이브스를 가장 먼저 들려서 하루를 보내고 싶을 정도로 예쁘고, 발길이 떨어지지 않는 곳이었다.

콘월은 그냥 생각 없이(운전하느라 예민해진 남편만 빼고) 자연을 보고, 좋

○ 최고의 놀이터인 바다

○ 가족들의 소풍 장소였던 뉴키(Newquay) 해변

은 공기를 마시며 천천히 둘러볼 수 있는 여행지였다. 수백 년이 지나도 견고한 건물들, 그 이상 된 아름다운 자연 경관, 정비되지 않은 시골길, 특별하지는 않지만 영국 노동자의 든든한 한 끼가 되어주었다는 코니시 페이스트리(cornish pastry), 홍차의 매력에 빠져버리게 한 스콘, 가을바람을 맞으며 아이들과 손잡고 걸었던 길까지 전부 생생하다. 런던 여행과는 또 다른 여유와 아름다움이 있었다. 조용하고 평화로운 마을과 자연을 좋아한다면 더욱 콘월은 매력적인 여행지다.

데번 근교로 떠난 겨울 여행

– 클로벨리 & 로즈무어 가든

서리가 내리고 차가운 바람이 불기 시작하면 괜히 쓸쓸해진다. 짧은 방학 동안의 콘월 여행이 끝나고 남편은 다시 한국으로 돌아갔다. 아이들과 나도 영국에서의 일상을 이어 가다 보니 벌써 영국 생활의 반이 지나갔다. 겨울이 성큼 다가온 느낌이다. 벌써 두 달이 지나버렸다니 아쉬웠다. 특별히 하고 있는 것도, 하고 싶은 것도 없었지만 그냥 이대로 시간이 흘러가는 것이 마냥 아쉽기만 했다. 그래서 어디 갈 만한 곳이 없나 도서관에서 가져온 주변 지역의 관광 팸플릿을 뒤적거렸다. 우리들끼리 다녀오려면 버스로 갈 수 있는 곳이어야 했다.

그러다가 클로벨리(Clovelly)와 로즈무어 가든(Rosemoore Garden)을 발견했다. 국내 검색 사이트에는 거의 정보가 없지만 몇몇 블로그에 '영국에 갔을 때 보고 와야 하는 50가지', '영국에서 가장 아름다운 마을 10곳'으로 클로벨리를 꼽은 것을 보니 가볼 만한 것 같았다. 게다가 영화 〈건지 감자껍질 파이 북클럽(The Guernsey literary and potato peel pie society)〉의 촬영 장소이기도 했다. 영국 영화의 촬영지가 근교에 있다니 설렌다. 구글로 교통편을 알아보니 버스로 갈 수 있었다. 멀지 않은 거리지만 버스로 가려면 왕복 3시간은 걸릴 것 같았지만 나 혼자서는 가볼 만했다.

아이들을 스쿨버스에 태워 보내자마자 버스를 타고 클로벨리로 출발했다. 버스를 타고 조금만 나가도 초록색 목장이 펼쳐진다. 대부분 평지가 거의 없고, 낮지만 가파른 곳이 많아 주로 목축업을 많이 한다고 한다. 아이 학교에도 조부모의 직업이 농부인 집이 많다. 오랜만에 하는 혼자만의 여행에 가슴이 설렜다. 차창 밖으로 소와 양, 말이 풀을 뜯어 먹는 모습이 마치 그림 같다. 먼 거리라 그런지 버스 안에 사람이 거의 없다. 정류장을 정확히 몰라 위치를 켜고 수시로 확인했더니 옆에 앉아 있던 중년 부인이 말을 건다.

"어디 가는 길이에요?"

"클로벨리요. 처음 가는 거예요."

"거긴 정말 예쁜 곳이에요. 다음 정류장에서 내리면 많이 걸어야 해요. 종점까지 갔다가 돌아오는 정류장에 내려요. 시간도 비슷하게 걸리고 그게 더 편할 거예요."

"감사합니다."

도시가 아닌 곳에서는 사람들이 대부분 친절한 편이다. 추운 날씨에 한참을 걸을 뻔했는데 그 아주머니 덕분에 마을 입구에서 바로 내릴 수

○ 당나귀가 다니던 돌길

있었다. 표를 끊고 제일 처음 들어간 곳은 클로벨리 마을을 소개하는 영상관이었다. 완벽하게 알아듣지는 못했지만, 마을 역사에 대한 정보를 대충 알 수 있었다. 산책길을 따라 마을 입구에 들어서자 나도 모르게 감탄이 나왔다. 안내서에 나와 있던 한 구절처럼, 숨이 막히는 경관(breathtaking scenery)이 펼쳐졌다. 돌이 깔린 가파른 길과 그 옆의 작고 오래된 집들을 보니 마치 동화 속으로 걸어 들어가는 것 같은 기분이다. 작은 어촌 마을인 이곳의 길과 집들은 대부분 14세기 즈음에 세워졌다고 한다. 아직도 마을 사람들은 어업을 하며 살고 있다고 한다. 대부분의 집들은 몇몇 집을 제외하고 작은 박물관과 가게, 카페로 운영되고 있다. 18세기 마을 사람들이 사용했던 가구와 생활용품, 생업을 위해 사용했던 어업 관련 도구도 볼 수 있다.

길이 좁고 가파르기 때문에 차나 자전거를 이용하지 못한다. 무거운 물건을 운반할 때는 나무썰매를 끈다고 한다. 지금은 아이들 체험용으로 더 많이 쓰이지만 주된 운송수단이었던 당나귀도 여전히 곳곳에서 볼 수 있다. 워낙 물살과 바람이 센 곳이라 배가 난파되는 일이 많아 1870년 이후 마을에서 자체적으로 구조대를 만들기도 했다고 한다. 사고 소식과 목숨을 잃은 주민들의 이야기가 실린 당시의 신문 기사도 있었다. 얼마나 충격적이고 슬펐을지 짐작할 수 있을 정도로 생생한 기사였다. 제1차 세계 대전에 참전했던 마을 주민들의 소식과 마을을 지켜야 했던 여자와 아이들의 사진과 이야기도 있었다. 인쇄술과 사진술이 발달한 이후부터 꾸준히 마을의 이야기들이 기록된 느낌이다. 영국 곳곳을 다닐 때마다 느꼈지만, 제1차 세계 대전의 흔적과 기억이 특히 많다. 내가 방문했던 날이 리멤버런스 데이가 있는 11월이라 더 그렇게 느껴졌는지도 모르겠다.

이 마을에는 호텔이 두 곳 있는데, 하나는 17세기, 다른 하나는 18세기에 지어졌다고 한다. 20세기 이후의 것은 하나도 없는 셈이다. 박물관에 있던 사진들도 사람들의 모습만 바뀌었을 뿐 마을은 그대로다. 사진 속의 사람들이 당장 나와서 산다고 해도 전혀 이상하지 않을 정도로 마을은 예전 그대로의 모습을 간직하고 있다. 13세기에는 마을을 세 가문이 소유했었는데, 지금은 한 가문이 소유하고 있다고 한다. 마을을 옛 모습 그대로 보존하기 위해 수리를 할 때도 옛날에 쓰던 건축 재료를 사용하고, 예전 방식 그대로 복원하려고 노력한다고 한다. 영국에는 클로벨리처럼 개인 소유의 마을과 성, 정원이 많다. 영국은 오랫동안 봉건제였기 때문에 영주의 성과 마을이 있었고, 가문의 재산으로 상속되어 유지되고 있는 것들이 많다. 우리나라였다면 개인 재산이니 당장 도로를 정비하고 호텔도 최신식으로 바꾸고 낡은 집들을 카페로 만들어 유명 관광지로 만들만도 한데, 이를 그대로 유지하려는 것이 대난하나.

편한 신발을 신고 왔는데도 워낙 가파른 길에 울퉁불퉁 돌까지 깔려 있어 걷는 것이 편하진 않았다. 아이들을 데리고 왔으면 힘들어서 제대로 보지 못했을 텐데, 혼자 하는 여행은 이렇게 평화롭다. 400년이 되었다는 호텔에 들러 클로벨리 지역의 에일과 칩스를 주문했다. 맥주와 에일이 유명한 영국에 왔어도 아이들 때문에 펍에 갈 수가 없었는데, 역시 혼자 오니 지상 낙원이 따로 없다. "여긴 너무 멋진 곳이야. 콘월 여행보다 더 좋아."라고 친구에게 카톡을 보냈다가 친구의 답장이 내 마음을

○ 클로벨리의 작은 항구

○ 그대로 보존되어 있는 수백 년 된 마을

○ 로즈무어 가든의 겨울

콕 찔렀다. "혼자라서 그래. 남편과 아이들 없이 혼자 여행에 맥주라니. 부럽다!" 정답이다. 남편과 아이 없이 혼자 가는 곳이면 어디인들 즐겁지 않으랴. 특히 이곳은 더욱 그렇다. 가파른 자갈길을 따라 하얀색 별장을 지나면 푸른 항구까지 이어지는, 시간이 멈춰버린 작은 마을. 데번에서 가장 아름다운 마을임에 틀림없다.

데번의 마지막 여행지는 로즈무어 가든이었다. 근처에 가볼 만한 곳을 추천해달라는 말에 영어 과외 선생님인 제시가 주저 없이 추천한 곳이다. 정원이 없는 작은 연립주택에 살고 있는 제시는 철마다 로즈무어 가든에 가는 걸로 아쉬움을 달랜다고 한다. 영국의 월세에 대해 이야기할 때도 "작은 정원 하나 없는 곳이 500파운드가 넘으니 너무 하지 않아?"라고도 하고, 내가 한국 아파트 사진을 보여주자 "정원은 어디 있니?"라고 할 정도로 제시에게는 정원이 중요한 것 같았다. 영국인들이 가난을 한탄할 때 '손질할 정원 한 뼘도 없다.'고 할 정도로 영국인들에게 정원은 최고급 아파트나 자동차 그 이상이다.

제시가 추천한 로즈무어 가든은 이름처럼 여름 장미가 특히 아름답다고 한다. 하지만 아이들이 놀 만한 커다란 놀이터가 있고, 산책하기 좋아서 겨울에도 괜찮다고 해서 아이들과 주말 나들이를 나섰다. 우리가 방문했을 때는 11월 말이었는데, 기온이 2, 3도일 정도로 제법 추운 날씨였다. 간밤에 비가 내린 데다 회색 구름이 잔뜩 끼어 음산한 기운까지 느껴졌다. 가든에 가기에 좋은 날씨는 아니었지만 영국에 있을 때 하나라도 더 보고 싶은 마음에 아이들을 재촉해서 길을 나섰다. 겨울이라 거의 모든 식물이 다 지고 없었다. 딸기도 장미도 흔적만 남아 있고, 초록

색이라고는 남아 있는 것이 거의 없었다. 그럼에도 많은 사람들이 산책을 하고 있었다. 어차피 아이들은 꽃을 보는 게 아니라 나무 사이를 뛰어다니고, 새로운 놀이터에서 노는 것을 더 좋아하기 때문에 별로 상관하지 않았다. 하지만 입구에서 받은 활동지를 들고 다니며 찾는 식물들이 사진과 달리 가지만 앙상하게 남아 있는 것을 발견할 때는 아쉬웠다. 9월에라도 왔었다면 좀 더 아름다운 가든을 만날 수 있었을 텐데 말이다. '다음에 가야지.'하면서 하루이틀 미루다가 벌써 네 달이 훨씬 지나버렸다.

곧 한국으로 돌아갈 생각을 하니 아쉬움만 남는다. 그래도 곳곳의 농작물과 단풍은 나름 겨울을 운치 있게 만들어주었다. 겨울의 정원은 황량하고 쓸쓸했다. "엄마, 로즈무어 가든에서 로즈를 보지 못해서 아쉬워." 집으로 돌아오는 길에 문득 아이가 말했다. 놀이터에서 잘 뛰어놀기에 재밌게만 보낸 줄 알았는데, 다시 오지 못할 곳이라는 것을 알아서였을까. 아이의 말에 나도 덩달아 아쉬움이 커졌다. 우리의 영국 남서부 여행은 로즈무어 가든을 마지막으로 마침표를 찍었다. 이제 12월에는 런던으로 간다.

이제 런던으로 출발!

12월 14일, 아이들의 학기가 끝났다. 그래서 바로 다음 날인 토요일에 런던으로 갈 계획이었다. 옷과 작아진 신발, 다 읽은 책은 모두 중고 가게에 기증해서 처음 영국에 왔을 때보다 짐이 많이 줄었다. 쌀과 즉석식품으로만 가득 차 있던 캐리어 하나는 어느새 텅텅 비었다. 런던으로 가기 위해 웨스트워드 호로 갈 때 이용했던 콜밴을 다시 예약했다. 처음 영국에 노착했을 때는 약속시간에 제대로 안 오면 어쩌나, 다른 곳으로 가진 않을까 걱정했었는데 이용해보니 콜밴은 가장 편하고 안전한 수단이었다.

런던으로 떠나는 날 아침, 비가 억수같이 왔다. 짐을 싣는데 이미 옷이 흠뻑 젖을 정도였다. 아침 11시에 출발해서 5시 즈음 런던의 숙소에 도착했다. 겨울이라 낮은 짧고, 비도 그치지 않은데다 퇴근 시간까지 겹처 런던 시내에서 시간이 많이 지체되었다. 이미 주위가 깜깜했다. 영국의 한 시골에서 아이들과 3개월 반 동안 살아 본 것에 이어 런던으로 떠난 일주일 간의 여행까지. 아무리 생각해도 난 무모한 엄마가 틀림없다.

캐리어 3개와 백팩 5개를 들고 사우스뱅크(South Bank) 근처 서비스 아파트에 도착했다. 런던의 호텔들이 좁은데다 비싸기도 했고, 아이들과 한 끼 정도는 직접 해 먹어야 할 것 같아서 아파트형 숙소를 구했다. 그런데 막상 도착해 보니, 사진과는 달리 많이 낡은 곳이어서 놀랐다. 가구나 침대도 오래된 것이고, 주방 기구들도 오랫동안 사용한 흔적이 있어서 찝찝하기도 했다. 런던의 숙소 상태에 대해 미리 각오는 했지만, 전에 머물던 곳과 비교가 되어 더 실망이 컸다. 런던에서의 일주일치 숙박비가 예전 숙소의 3주 숙박비와 맞먹으니 말이다. 그래도 아이들과 런던에서 머물 곳을 구했다는 것만으로 감사하자며 마음을 고쳐먹었다. 여행을 다녀 보니 아프지 않고, 다치지 않고, 중요한 것을 잃어버리지 않는 것만으로도 다행이다.

시골 마을에 있다가 런던에 오니 복잡하고 정신이 없었다. 시골 사람이 서울에 처음 올라온 느낌이다. 학기를 마치고 런던 여행을 떠날 계획이라고 하니, 런던은 복잡하고 사람들이 불친절하니 조심하라던 이웃 할머니의 조언이 떠올랐다. 마치 '서울 가면 코 베어간다.'는 조언처럼 말이다. 15여 년 전, 처음 런던 여행을 왔을 때는 마냥 새롭고, 한국에 비해 영국 사람들이 여유롭고 매너 있다고 느꼈다. 하지만 시골에 있다가 와서 그런지 내가 있었던 웨스트워드 호 사람들보다 런던 사람들이 훨씬 바쁘게 움직이고, 얼굴 표정도 지쳐 보였다. 건물도 너무 높다. 한국에 비하면 전혀 높다고 할 수 없지만, 데번에서 사는 동안 1, 2층 건물만 보다 보니 5층짜리 건물도 고층건물 같다. 살짝 부딪치고 사과도 없이 그냥 지나가는 사람들도 많다. 그야말로 도시의 모습이다. 더욱 놀란 것은 버스를 탈 때 승객이 2층으로 올라가기도 전에 출발하는 것이다. 앉을 때까지 기다려주던 데번의 버스들이 그리웠다. 그곳에서는 버스 문이 한 개라 앞문으로만 내리고 탔는데, 런던에서는 앞문, 뒷문은 물론 2층으로 올라가는 계단까지 두 군데라 헷갈리기까지 했다. 몇 번이나 앞문으로 내릴 뻔했다. 습관이 이렇게 무섭다. 한 이틀은 계속 정신이 없었다.

다문화도시인 런던답게 다양한 인종의 사람들이 볼 수 있었다. 런던에만 있었더라면 '정통 영국인(?)'을 만나지 못했을 것이다. 정통 영국인이라는 단어가 어색하기는 하지만 영국 여행을 떠올리면 노란 머리와 하얀 얼굴의 영국인과 BBC에서 나오는 영국 악센트를 만나게 될 것이라는 기대를 하게 된다. 하지만 막상 런던에 도착하면 이미 공항에서 만나는 입국심사관부터 유색인종이 많다. 물론 그들은 영국인이다. 웨스트워드 호까지 태워주었던 콜밴 기사도, 런던 대부분의 버스 기사도, 런던 숙소의 매니저도 모두 인도인이거나 중동인으로 보이는 사람들이었다. 현지 마트와 식당에서 일하는 한국 학생들도 있었다. 2011년 통계에 따르면 런던 인구의 37퍼센트가 외국에서 태어났고, 그중 27퍼센트는 유럽이 아닌 곳에서 태어났다고 하니 런던에서 유색인종을 많이 볼 수 있는 것은 당연하기도 하다. 게다가 우리가 주로 여행을 하게 될 런던 중심부는 이미 돈 많은 중동인과 중국인들이 땅을 많이 갖고 있고, 집세가 너무 비싸 실제로 거주하는 전형적인(?) 영국인들이 드물다고 한다.

웨스트워드 호에 살 때는 우리 가족만 유색인종이라 사람들이 호기심

어린 눈으로 보기도 하고 영어로 말할 때도 괜히 주눅이 들었는데, 런던에서는 다양한 발음의 영어를 들을 수 있었다. 음식도 마찬가지다. 피시앤칩스 식당만 있던 예전 동네와는 달리 런던에서는 일식당과 한식당을 곳곳에서 만날 수 있었다. 물론 양에 비해 비싼 가격에 놀라기는 했지만, 영국에 와서 처음으로 식당에서 찰기 있는 쌀밥과 따뜻한 국을 맛보게 되었다. 20대 때에는 마른 빵만 먹고도 한 달 동안 배낭여행을 거뜬히 했는데, 나이가 드니 매콤하고 뜨거운 것이 그립다. 이제는 외국 여행을 갈 때 고추장과 김을 챙기고 한식당을 찾아다니는 어르신들이 충분히 이해된다. 런던에서는 주로 일식 도시락을 사 먹었고, 한식당을 찾아다니며 밥을 먹을 수 있어 다행이었다. 같은 영국 여행이지만 또 다른 느낌이다. 긴장과 설렘으로 아이들과 일주일간의 런던 여행을 시작했다.

런던의 겨울 즐기기

– 세인트 제임스 파크
& 하이드 파크의 윈터 원더랜드
& 사우스 뱅크의 윈터 페스티벌

런던은 녹지 비율이 세계에서 가장 높고, 도시의 47퍼센트가 녹지로 분류되어 있다고 한다. 우리나라도 국토의 3분의 1이 산이라고는 하지만, 대도시의 산들은 대부분 개발로 없어지고 녹지를 즐기기 위해서는 도시에서 차를 타고 30분 이상은 외곽으로 나가야 한다. 하지만 런던은 도심 곳곳에 크고 작은 공원들이 있어 많은 사람들이 일상에서 공원 산책을 할 수 있다. 굳이 실내 키즈카페나 체험학습장을 찾지 않아도 아이들이 마음껏 뛰어놀 수 있는 곳이 많다. 이렇게 복잡하고 바쁜 대도시에서도 말이다. 영국의 8개의 왕립 공원들 중 5개가 런던 시내에 있는데, 왕실 소유라 쉽게 개발되지 않고 잘 보존되기도 했다.

여름에는 다양한 음악과 연극 공연도 있다. 비가 잦고 으스스한 겨울에는 앙상한 나무들만 있어 다양한 식물들과 햇빛을 즐기지 못하는 단점이 있지만, 여름에 비해 한가하고 잎이 모두 떨어진 산책로도 제법 운치가 있다. 런던에서의 짧은 여행 동안 우리는 런던 최고의 왕립 공원인 세인트 제임스 파크(St. James' Park)와 하이드 파크(Hyde Park)를 방문했다. 먼저 버킹엄 궁전의 근위병 교대식을 본 후 근처에 있는 세인트 제임스 파크로 향했다. 입구에서부터 아이들은 오리에 꽂혀서 꼼짝하지 않는다. 파크의 동물들은 모두 사람들에게 익숙해서인지 도망가기는커녕 오히려 따라오기까지 한다. 아이들은 미리 견과류를 준비하지 않은 엄마를 원망하며 주위 사람들에게 친근하게 다가가 견과류를 받아온다. 이를 본 청설모와 이름 모를 새와 오리들은 아이 주변으로 몰려들고 아이는 나름 골고루 나눠주었다.

동물들과 한참 시간을 보내다가 다른 곳으로 이동하려는 찰나에 놀이터를 발견했다. 말릴 틈도 없이 아이들은 놀이터로 뛰어가 한참을 놀기 시작했다. 그날 점심은 간단히 쿠키와 커피로 대신할 수밖에 없었다. 평소에는 배고픔을 참지 못하는 아이들인데 저렇게 놀거리가 생기면 배고픔을 잊고 놀이에 집중한다. 아이들과 함께하는 여행은 아무리 계획을 세워도 변수투성이이다. 늘 목적지까지 예상 이동 시간의 2배 이상이 걸리고, 예상치 못하게 아이들이 좋아하게 되는 곳에 가면 그곳을 떠날 생각을 하지 않기 때문에 그날 계획했던 일정은 그냥 건너뛰게 된다. 물론 아이들은 행복해하지만, 나는 괜히 아무것도 못하고 하루를 보내버리는 것 같아 아쉽다. 세인트 제임스 파크가 그런 곳이었다. 특히 겨울이라 앙상한 가지와 낙엽만 가득해서 볼거리가 없고, 평범한 공원과 놀이터 같은 곳인데 아이들에게는 너무나 즐거운 곳이었다. 그냥 산책만 하려고 들러본 곳인데, 온종일 그곳에서 보내게 되었다. 나는 동물을 좋

○ 사람들에게 친숙한 야생동물들

아하지 않아 근처에 가지도 않고, 놀이터에서 노는 아이들을 지켜보는 것만으로 반나절을 보낸 셈이다. 이런 내 마음도 모르고 아이들은 런던에서 가장 기억에 남는 것이 세인트 제임스 파크였다며, 견과류를 챙겨 가지 못해 동물들과 충분히 놀지 못했다고 나를 원망했다.

우리는 겨울에만 열린다는 윈터 원더랜드(Winter wonderland)를 보기 위해 하이드 파크를 찾았다. 하이드 파크는 6개의 언더그라운드 역이 공원 각각의 코너에 있을 정도로 큰 공원이다. 2012년 런던 올림픽 때 높이뛰기나 철인 3종 경기가 하이드 파크에서 열렸다고 하니 상상 이상의 크기다. 겨울이면 드넓은 공간에 놀이공원이 세워지는데, 멀리서도 놀이기구의 불빛이 보일 만큼 다양한 놀이기구가 있다. 언더그라운드 역에 내려 놀이공원까지 걸어갔는데 제법 멀었다. 입구에서 가방 검사를 마치고 들어가니 다양한 난이도의 롤러코스터와 회전목마, 관람차, 거대한 크리스마스트리까지 더해져 그야말로 '멋진 겨울 세계'에 온 느낌이다. 비가 추적추적 내리기 시작하는 평일이었지만 많은 사람들이 놀이기구를 즐기고 있었다. 우산도 없이 말이다. 영국 사람들은 역시 비 정도는 전혀 아랑곳하지 않는다. 놀이기구를 좋아하지 않는 나와 달리 롤러코스터를 유난히 좋아하는 큰아이는 키 제한에 걸려 원하던 스릴 있는 기구는 타지 못했지만 난도가 약간 낮은 롤러코스터를 두 번이나 탔다. 작은아이는 나와 함께 회전목마와 빙빙 돌아가는 컵 모양의 놀이기구를 탔다. 사실 나는 재미는커녕 멀미가 나는 것 같았다. 런던까지 와서 싫어하는 놀이기구를 타야 하다니, 아이들과의 여행은 참 힘들다.

시하철을 타고 숙소로 돌아오는 길에 집 근처 사우스 뱅크에서 윈터 페스티벌이 열린다는 광고를 발견했다. 뒤로는 런던아이의 야경이 보이고 길 양옆으로 여러 나라의 음식을 판매하고 있다. 반갑게도 한국 음식을 발견했다. 한국 여학생이 주문을 받고 있었는데, 메뉴는 불고기 크레페와 불고기 도시락이었다. 오랜만에 불고기를 만나다니! 당연하게 오늘 우리의 저녁 메뉴가 되었다. 내가 4년 정도 지냈던 베트남은 길거리에서 음료만 사도 앉아서 마실 수 있도록 낮은 목욕탕 의자가 있었는데, 영국은 다들 서서 먹는 문화다. 펍 같은 곳에 자리가 있어도 서서 먹는 사람들이 많고 그런 사람들을 위해 의자 없이 높은 테이블만 있다. 이곳도 그렇다. 다들 서서 와플이나 칩스를 먹고 있다. 우리는 어디라도 앉아서 먹어야 하는데 말이다. 겨우 다리 옆의 작은 공간에 자리를 잡았다. 아이들은 정말 게 눈 감추듯 도시락을 흡입했지만, 나는 한 숟가락도 미처 먹지 못했다. 웨스트워드 호에 살 때는 외식비가 한국과 비슷하거나 오히려 저렴하다고 생각했는데, 역시 런던 물가는 비싸다. 만 원이 넘는 불고기 도시락을 세 개나 살 수 없었다. 아이와의 여행에서 엄마는 시간도 식욕도 많이 양보해야 한다.

12월의 런던에서는 해가 4시쯤 지기 시작한다. 4시 30분에 붉은 노을을 감상할 수 있고 5시만 되어도 이미 주위가 깜깜해져 야경을 즐길 수 있다. 밤이 빨리 시작되어 아이들과 매일 야경을 볼 수 있었다. 여름은 밤 9시가 넘어야 해가 지기 때문에 야경을 기다리기가 힘들었는데, 일과를 마치고 저녁을 먹거나 집으로 돌아가는 길에는 어김없이 런던아이의 불빛과 타워브리지의 야경을 볼 수 있었다. 해가 빨리 지는 덕분에 런던의 야경은 원 없이 즐긴 셈이다. 운 좋게 타워브리지의 다리가 올라

○ 세인트 제임스 파크의 겨울

○ 겨울에만 즐길 수 있는 윈터 원더랜드

○ 런던 타워브리지 야경

○ 사우스 뱅크의 윈터 페스티벌

가고 그 아래 배가 지나가는 순간도 포착할 수 있었고, 런던아이의 야경도 숙소 근처라 매일 볼 수 있었다. 여행 일정상 런던아이를 타지 못한 것이 아쉬움으로 남았다. 아이들이 여행을 많이 다닌 편이고, 오래전이기는 했지만 나도 예전에 런던 여행을 해본 터라 좀 더 꼼꼼히 다니려고 했는데 역시 아이들과의 여행은 내 마음이나 계획과는 달리 놓치는 것이 많다. 여러 번 다녀도 아쉽고 또 그리운 것이 여행이지만 말이다. 배낭여행을 할 때 내가 다시 런던에 올 일이 있을까 생각했는데, 15년이 지나 두 아이와 함께 다시 타워브리지를 걷고 있다. 50대가 되면 남편과 둘이 런던의 한 펍에서 맥주를 마실 수 있을까? 해가 일찍 지는 이 겨울에도 아이들 때문에 펍에 가지 못한 게 못내 아쉽다.

해리포터의 나라

– 킹스크로스 역
& 해리포터 스튜디오

나는 해리포터를 잘 모른다. 20년 전 쯤에 워낙 인기가 많아서 1권을 읽어보긴 했지만 판타지물을 좋아하지 않는 탓에 연이어 나오는 시리즈를 더 이상 읽지 않았다. 겨우 읽었던 1권도 내용이 거의 기억나지 않는다. 집에 책도 없고, 영화도 보여준 적이 없으니 당연히 아이들도 해리포터를 만날 기회가 없었다. 그러다가 영국에서 학교를 다니다 보니 아이들도 자연스레 해리포터를 알게 되었다. 학교 행사 때마다 해리포터 코스튬을 하는 아이들이 많고, 대화 중간에 해리포터에 나오는 대사나 캐릭터에 대해 많이 얘기하는 모양이었다. 세 살 무렵에 있었던 사고로 작은아이의 이마에 제법 큰 상처가 있는데, 이를 본 큰아이 친구들이 "네 동생 이마에 상처가 있는 걸 보니, 마법을 가진 거 아니야?"라고 말하기도 했단다. 해리포터를 모르면 알아듣지 못하는 농담이다. 반에서 해리포터를 읽지 않은 친구가 없다는 것을 알게 된 큰아이는 해리포터 시리즈를 사달라고 졸랐고, 학교에 들고 다니면서 쉬는 시간에 틈틈이 읽을 정도로 그 매력에 빠져버렸다.

그래서 런던에 온 김에 당연히 해리포터 스튜디오를 가려고 했지만 이미 두세 달 전부터 매진이라 표를 구할 수가 없었다. 아이들이 해리포터에 관심이 많은데 영국에 와서 스튜디오를 관람하지 않고 그냥 돌아가기에는 아쉬움이 너무 컸다. 아이들을 위해 11월부터 하루에도 몇 번씩 해리포터 스튜디오의 공식 홈페이지를 들락거렸다. 우리가 가려는 날짜가 영국에서도 학교마다 크리스마스 휴가를 시작하는 시기라 아예 표가 없었다. 포기하고 다른 일정을 세우려는 찰나, 기적처럼 표를 구했다. 12월이 다가오니 자리가 하나둘씩 생겼다. 아마 여행사나 단체들이 여러 개 가지고 있던 표를 취소하는 모양이다. 특히 하루나 이틀 전에는 시간도 고를 수 있을 정도로 표가 많이 나왔다. 미리 예약하지 못했더라도 홈페이지에 수시로 들어가 보면 표 서너 장은 충분히 구할 수 있다.

해리포터 스튜디오에 가기 이틀 전, 킹스크로스 기차역에 들렀다. 영화 〈해리포터〉에서 해리가 호그와트 마법학교로 가는 기차를 탔던 장면의 배경이 된 역이다. 역 끝에는 해리포터 팬들을 위해 영화에 나오는 벽과 쇼핑카트가 있다. 그리고 목도리를 빌려주고 실제로 들어가는 효과를 위해 옆에서 목도리를 날려주며 사진도 찍어준다. 사진은 마음에 들면 사면 된다. 우리처럼 사진만 찍고 그냥 가버리는 사람들을 막기 위해 친절하게도 기념품 가게를 들어가야 나올 수 있도록 길을 만들어두었다. 대단한 전략이다. 사진을 찍었으니 그냥 구경만 하고 가자는 마음이었는데 막상 들어가니 눈이 휘둥그레진다. 해리포터에 단단히 빠진 아이들은 목도리, 마법 지팡이를 비롯한 소품은 물론 영화에 등장하는 동물 인형 앞에

○ 킹스크로스 역에 있는 포토 스폿

서도 발걸음을 떼지 못한다. 내일 해리포터 스튜디오에 가서 꼭 사주겠다고 겨우 달래고 돌아왔다. 하지만 킹스크로스 역의 기념품들이 더 저렴하다는 것을 스튜디오에 가서야 알게 되었다. 물론 스튜디오 내 기념품 가게가 훨씬 종류가 많고 다양했지만 말이다. 역시 보일 때 바로 사야 한다. 여행을 다니면서 쇼핑을 할 때마다 괜히 사왔다기보다는 더 사올 걸 하고 후회했었는데, 예상보다 비싼 가격 앞에 그 사실을 잠시 잊었다. 경비 때문에 몇 번이고 망설이고 사지 않았던 것들이 새록새록 떠오른다.

다음 날, 해리포터 스튜디오를 가기 위해 아침 일찍 숙소를 나섰다. 겨울이라 7시가 훨씬 넘었는데도 어둑어둑하다. 스튜디오는 행정 구역상으로는 런던이지만 시내에서 1시간 정도 떨어진 곳에 있어서 여유롭게 출발했다. 런던 유스톤(Euston) 역에서 왓포드 정션(Watford Junction) 역으로 가는 기차를 탔다. 기차를 유난히 좋아하는 아이는 영국에서 처음 타는 기차라고 좋아했는데, 그리 멀지 않고 급행열차라 그런지 샌드위치 하나를 다 먹을 즈음에 도착했다. 역 앞에는 누가 가르쳐주지 않아도 알 수 있을 정도로 멋지게 꾸며진 셔틀버스가 있었다. 버스를 타고 15분 정도 가니 허허벌판에 있는 커다란 스튜디오 건물이 보인다. 입장권과 해리포터 패스포트(세트장 곳곳에서 도장을 찍을 수 있다)를 받아들고 입구로 들어갔다. 해리포터가 머물렀던 계단 아래의 작은 방을 비롯하여 촬영 당시의 의상들이 전시되어 있다. 영화 세트장을 전반적으로 소개하는 영상에서는 해리포터, 헤르미온느, 론 위즐리를 연기한 세 명의 배우가 세트장과 영화 촬영에 대해 간략히 설명한다. 마지막에 웅장한 문이 열리면서 호그와트 학교의 식당이 눈앞에 펼쳐졌다. 크리스마스 분위기로 꾸며진 식당은 나도 모르게 감탄사가 튀어나올 정도였다. 해리포터가 학교에 가기 위해 필요한 재료들을 사러가던 마법 물품 상가와 마을은 규모는 작았지만, 가게 곳곳의 간판과 세세한 소품들이 정말 리얼했다. 호그와트의 기숙사와 교실은 물론 학교에 가기 위해 탔던 기차와 역도 그대로다.

영화 속 장면이 어떻게 촬영되었는지를 보여주는 영상과 실제로 체험할 수 있는 코너들도 다양하다. 책이나 영화를 미리 보고 왔더라면 더 많이 보였겠지만, 해리포터가 생소한 내게도 새롭고 신기한 경험이었다. 소품으로 이용되었던 명화는 물론 캐릭터 탄생 과정과 소품 설계도는 마치 미술관에 온 것처럼 웅장하고 멋진 작품들이었다. 가장 웅장하고 인상적이었던 호그와트 학교의 미니어처(미니어처라고는 하지만 실제 크기는 한 바퀴를 크게 돌아야 다 볼 수 있다)는 제작에만 86명이 참여했다고 한다. 스튜디오 내 매점에서 영화에 나오는 음료인 버터 비어와 버터 아이스크림을 맛본 후 야외로 나와 해리포터가 호그와트 입학 전까지 살았던 이모 집과 마을을 구경했다. 무엇보다 아이들의 마음을 사로잡았던 곳은 바로 마법 지팡이를 파는 기념품 가게였다. 스튜디오 안에 여러 기념품 가게들이 있지만 마법 지팡이를 파는 가게가 가장 큰 곳이다. 지팡이도 다 같은 것이 아닌지 아이들은 꼼꼼히 살펴보며 고민한다. "이건 해리포터, 저건 덤블도어가 쓰던 것인데." 두 아이 모두 지팡이를 하나씩 들고 신이 났다. 지팡이를 휘두르며 주문을 외치는 것을 보니 마치 호그와트 마법학교 학생이 된 것 같다.

스튜디오를 둘러보니 해리포터는 정말 '영국의, 영국에 의한, 영국을 위한' 문학이고 문화라는 생각이 들었다. 해리포터가 살았던 벽장은 영

○ 스튜디오 안에 있던 킹스크로스 역과 기차

○ 해리포터가 입학 준비물을 구입했던 거리

국 일반 주택에서 볼 수 있는 공간이고, 거리도 우리 마을과 비슷한 모습이었다. 학교 건물도 영국 외곽에서 자주 만날 수 있는 교회나 성과 비슷하다. 호그와트 학교의 하우스는 일반 영국 학교에서 볼 수 있는 시스템이다. 아이가 다녔던 베트남 영국계 학교와 영국 현지 학교 모두 지역 이름을 딴 4개의 하우스가 있었는데, 입학하면 학년과 관계없이 하우스에 배정되어 졸업할 때까지 매년 자신이 속한 하우스의 우승을 위해 경쟁한다. 수업 시간의 칭찬 스티커나, 스포츠 경기 결과가 하우스 우승 점수에 반영된다. 아이는 "내가 베트남에서 학교를 다녔을 때 하우스팀이 달랏(Dalat)이었는데… 영국 학교 있을 때는 크로이드(Croyde) 팀이었지."라며 학교에서의 추억을 회상한다. 며칠 전 학교 페이스북에서 크로이드의 중간 성적이 일등인 것을 확인하고 뛸 듯이 기뻐했다. 해리포터에 나오는 동물들도 그렇다. 밤이 되면 떼 지어 다니는 까마귀나 올빼미 울음소리는 영국 시골에서 흔히 만나는 풍경과 소리다. 영국인 작가가 아니었다면 절대 나올 수 없는 배경과 스토리다.

한국에 돌아온 후 아이들은 모두 마법 지팡이를 가지고 TV 앞에 앉아 며칠에 걸쳐 해리포터 영화를 다 보았다. 큰아이는 책으로도 두툼한 모든 시리즈를 완독했다. 판타지를 좋아하지 않는 나도 스튜디오에서 만났던 장소와 캐릭터를 생각하며 영화에 집중했다. 10년간 시리즈로 이어진 소설과 영화가 왜 전 세계적으로 꾸준히 사랑받고, 20세기 영국의 대표 문화가 되었는지 알 것 같았다. 해리포터 스튜디오는 아이들과 내게 가장 즐겁고 인상적인 장소였다. 뒤늦게나마 나도 책을 읽어봐야겠다는 생각이 들었다.

박물관 200% 즐기기

– 빅토리아 앨버트 박물관
& 자연사 박물관 & 과학 박물관
& 대영 박물관 & 내셔널 갤러리

런던 여행은 항공권과 숙박비가 비싼 편이라 여행 경비가 많이 들 것이라고 생각하지만, 아이들과 여행을 하다 보면 예상보다 그렇지 않다는 것을 느끼게 된다. 우선 아이들의 대중교통 요금이 무료이고 대부분의 박물관과 미술관은 입장료가 없어 식비를 제외하고는 체험하는 비용이 거의 들지 않았다. 아이 둘을 데리고 다니면 서울에서 여행하는 것보다 저렴하게 느껴질 정도였다.

혼자 배낭여행을 할 때는 대영 박물관과 내셔널 갤러리에서 종일 보낼 수 있었는데, 아이들과 다니는 여행은 그럴 수 없다. 아이들은 무언가 할 거리가 있어야만 즐거워하기도 하고, 목적 없는 박물관 방문은 아이들이나 내게도 힘든 일이다. 늘 그랬던 것처럼 박물관에서 아이들과 할 수 있는 활동을 찾아보았다. 대영 박물관과 내셔널 갤러리는 주말 프로그램만 있었고, 시간을 맞추기가 어려워 상시적인 프로그램이 있는 빅토리아 앨버트 박물관(Victoria and Albert Museum)으로 먼저 향했다.

빅토리아 앨버트 박물관은 예술과 디자인, 공예로는 세계 최고의 컬렉션을 갖추고 있는 박물관이다. 450만 점의 도자기와 장신구, 의복, 가구들을 보유하고 있는 데다 건물 자체도 너무 아름다워, 예술을 전공하는 학생들이 실내외에서 그림을 그리고 디자인하는 모습을 흔히 볼 수 있다. 어린이들을 위한 백팩 프로그램의 종류는 모두 8가지인데, 미술관 곳곳에 숨어 있는 동물 찾기(Agent Animal for Under 5s)와 같이 유아를 위한 간단한 활동부터 중세 유럽인들의 일상을 자세히 살펴볼 수 있는 초등 고학년 활동(Time Traveller)까지 다양하게 준비되어 있다. 백팩 프로그램은 박물관 전체를 둘러보기보다 백팩의 종류에 따라가야 하는 전시실이 정해져 있어 몇 군데를 더 자세하게 살펴볼 수 있다.

작은아이는 중국 관련 백팩(An Adventure in China)을 골랐는데, 황실에서 사용했다는 딱딱한 베개와 티세트 등 백팩 내의 소품들을 전시실에서 직접 발견할 수 있어 즐거워했다. 유난히 그리기를 좋아하는 아이는 미술관에서 그림을 그리는 사람들 옆에서 같이 앉아 그림을 그리기도 했다. 큰아이가 골랐던 프로그램은 이슬람 제국의 문화와 예술을 살펴보고 당시 사람들이 어떻게 살았는지 알아보는 활동(Middle Eastern Marvels)이었다. 터번을 직접 써보기도 하고, 중동의 문화에 대해 배울 수 있는 시간이었다. 아이들뿐 아니라 나도 화려하고 정교한 전시품들을 감상하며 즐겁게 시간을 보냈다.

백팩 프로그램을 마치고, 전시를 좀 더 보고 싶던 엄마 마음은 모른 채 아이들은 곧장 박물관 정원으로 뛰쳐나갔다. 제법 쌀쌀한 날씨였는데도 아이들은 신나게 뛰어논다. 활동 시간만큼 열심히 놀고 나니 금방

○ 빅토리아 앨버트 박물관

○ 자연사 박물관의 거대한 공룡 모형

○ 트래펄가 광장 옆 내셔널 갤러리

○ 대영 박물관

허기가 져서 박물관 카페로 향했다. 빅토리아 앨버트 박물관의 또 하나의 매력은 바로 박물관 내에 있는 카페다. 여행자들 사이에는 런던에 있는 박물관과 미술관 카페들 중 가장 아름답고 클래식한 카페라고 칭찬이 자자하다. 우리도 샐러드와 키즈 메뉴, 홍차를 시켜 자리를 잡았다. 높은 천장과 클래식한 타일, 크리스마스트리까지 더해져 고급 식당에 온 느낌이었다.

빅토리아 앨버트 박물관 근처에는 바로 자연사 박물관(Nature History Museum)과 과학 박물관(Science Museum)이 있다. 처음에는 빠듯한 일정 탓에 세 곳을 하루에 방문하는 것으로 계획했는데, 결국 이틀에 걸쳐 방문해야만 했다. 대부분의 박물관은 하루에 한 곳을 잡아야 자세히 볼 수 있을 정도로 규모가 크고, 볼거리와 할 거리도 많다. 과학 박물관은 아이들이 가장 좋아했던 박물관이다. 특별한 체험 프로그램에 참여하지 않아도 충분히 보고 즐길 수 있는 체험관이 각 층마다 있다. 작은아이가 가장 좋아했던 공간은 지하의 더 가든(The Garden)이었는데, 유아들이 직접 손으로 느끼고 만들어볼 수 있도록 체험하는 공간이었다. 색깔, 소리, 빛과 그림자를 보고, 플라스틱 벽돌을 옮기고 쌓을 수 있도록 하여 오감을 충분히 자극하고 느낄 수 있다. 과학을 좋아하는 아이는 과학 현상을 직접 체험하고, 기차와 비행기 같은 교통수단의 에너지와 발전 과정을 볼 수 있는 3층을 특히 좋아했다.

과학 박물관을 꼼꼼하게 보지 못한 아쉬움을 뒤로 한 채 자연사 박물관으로 발걸음을 옮겼다. 입구에 들어서자마자 낯익은 거대한 공룡 모형이 있었다. 영화 〈박물관이 살아 있다〉에 나오는 곳이다. 보통의 남자

아이들과 달리 우리 집 아들 둘은 공룡에 관심이 없다. 집에 그 흔한 공룡 모형이나 책도 없다. 그래서 '아이들이 좋아하지 않으면 어쩌지.'하고 고민도 했었다. 하지만 런던 여행의 필수 코스인 만큼 한번 돌아보자는 마음으로 들렀다. 매일 여러 군데를 가야 하는 여행 일정이 6살 작은아이에게는 버거웠지만, 10살 큰아이에게는 다행히 힘들지 않았나 보다. 공룡에 관심이 없는 줄 알았던 큰아이는 학교에서 과학시간에 배웠다며 시대별 공룡과 화석에 관심을 가지고 꼼꼼히 둘러봤다. 특히 최근에 부쩍 관심이 생긴 영국 지역에 살고 있는 새 모형 앞에서는 눈을 떼지 못할 정도였다.

오히려 지루했던 것은 무지한 나였다. 아이들에게 도움이 될 것이라 생각하고 방문했지만 정작 나는 하품이 나올 지경이었다. 학생 때 배운 얕은 지식은 가물가물하고, 아이에게 설명 하나 제대로 해주지 못해 부끄럽고 미안했다. 아는 만큼 보인다는 말처럼 내게는 눈에 들어오는 것이 없었다. 한국에는 이런 종류의 박물관이 없나 검색해보니 국내에도 서대문 자연사 박물관을 비롯한 자연사 박물관이 여러 군데 있었다. 다양한 체험활동을 할 수 있는 과학 박물관도 여러 곳이다. 해외에 가면 필수 코스처럼 방문하는 곳이 박물관인데, 오히려 국내에 있을 때는 관심조차 갖지 않았던 것이 괜히 부끄러웠다. 한국에 돌아가면, 영국살이를 준비했던 그 열정으로 국내 여행과 체험활동을 많이 알아보고 아이들에게 소개해야겠다는 생각이 들었다.

개인적으로 런던에서 가장 가고 싶었던 곳은 내셔널 갤러리(National Gallery)와 대영 박물관(British Museum)이었다. 유럽 여행 때도 빠듯한 일정 때문에 유명한 작품만 몇 개 겨우 보고 들렀다 나온 터라 아쉬움이 많이 남았다. 하지만 이번에도 만족할 만큼 둘러보지는 못했다. 아이들의 볼거리와 체험이 많았던 과학 박물관이나 자연사 박물관에 비해 대영 박물관과 내셔널 갤러리는 평일 프로그램이 없었다(내셔널 갤러리는 오전 프로그램이 갑작스레 취소되어 보지 못했다). 지친 아이들을 어르고 달래어 몇 관만 둘러보고 나오는 데도 반나절 이상이 걸렸다. 두 번째 방문임에도 만족할 만큼 둘러보지 못해 아쉽고 또 아쉬웠다. 낮이 짧은 겨울이라 더욱 시간이 없기도 했다. 아이들은 모르겠지만 내게는 즐거움보다 아쉬움이 많이 남는 런던 여행이었다.

선물 같던 네 달을 뒤로 한 채, 무사히 돌아왔다

"좋았어? 영국 다녀와서 애들 영어는 많이 늘었어?"

"나도 외국에서 한 달 살기를 해보고 싶은데, 갈 수 있을까? 애들 데리고 살 만해?"

"돈 많이 들었지? 얼마나 들었어?"

120여 일의 영국 단기 스쿨링과 여행을 마치고 한국으로 돌아오자 지인들의 질문이 쏟아졌다. 질문에 대답을 하자면 돈은 많이 들었고 영어 실력은 별반 달라진 게 없었지만 아이들과 지내기에는 참 좋았다. 딱 이만큼이다.

아이들은 영국에 가기 전부터 국제 유치원과 국제 학교를 다녔기 때문에 영국 단기 스쿨링만으로 영어 실력이 늘었다고 볼 수는 없었다. 머물게 된 지역도 나와 아이들에게는 좋은 곳이었고 무사히 잘 다녀왔지만 지인들에게 그곳이 아이들과 지내기에 최적의 장소니 꼭 가보라고 할 정도로 자신 있게 추천하긴 어렵다. 자연에 둘러싸여 깨끗하고 조용한 곳이었지만 활동적이고 배우기를 좋아하는 사람에게는 지루한 장소가 될 수 있고, 혼자서도 잘 지내는 나에게는 괜찮았지만 그렇지 않은 사람은 외로울 수도 있는 곳이기 때문이다. 숙소 역시 우리가 있었던 기간이 비수기였고 장기 거주 혜택까지 있어서 평소보다 저렴한 가격으로 구하기는 했지만, 한편으로는 비수기라 사람이 많이 없어서 무서운 적도 있었다. 비가 오고 날이 추워지면서 그 황량함은 더해졌고, 밤이 되면 불이 켜진 집이 몇 채인지 세어보기도 했다. 확실히 9월보다 10월과 11월에는 불 켜진 집들이 더 줄어들었다. 리셉션 직원들은 친절했지만 배수관에 물이 새면서 카펫까지 젖기 시작하는데 주말에 연락이 안 되어 하루 종일 마냥 쳐다볼 수밖에 없었던 때도 있었고, 커튼봉이 떨어져서 그거 하나 고치는데 하루가 꼬박 걸려 답답할 때도 있었다. 다만 이런 불편들이 전체적인 내 일정을 망칠 정도로 큰 부분이 아니었기에 금방 잊었을 뿐이다. 학교도 마찬가지였다. 아이들이 다니던 사립학교는 개신교 계열이어서 내가 믿는 종교와는 좀 달랐지만, 학교에서 진행하는 종교적인 행사에 크게 거부감은 없었다. 예전의 영국계 국제 학교와 비교되는 부분도 있었지만 그 학교 나름의 장점을 많이 보려고 했고, 단기 학생으로 다닌 것이어서 기대가 크지 않기도 했다. 두 아이 모두 학교 가기 싫다는 말 한마디 없이 즐겁게 다녔다는 것만으로 만족한다.

한국으로 돌아와 큰아이는 집 앞에 있는 초등학교에 다니기 시작했다. 둘째 아이는 유치원 대란 속에 다행히 시립 어린이집에 당첨이 되었다. 아이 둘 다 한국에서는 교육기관이 처음이라 많이 걱정했는데 예상보다 훨씬 잘 적응하고 있다. 나 역시 주재원 생활을 포함한 4년여 간의 외국 생활을 마치고, 한국에서의 일상으로 돌아왔다. 지나고 보니 꿈같은 시간이었다. 아이들은 생각보다 빨리 한국말을 익히고, 친구를 사귀고 있다. 그리고 더 빠른 속도로 영어를 까먹고 있기도 하다.

나는 여전히 영국 생활에서 헤어 나오지 못하고 있다. 매일 오전 10시에 홍차를 끓이고, 영국 영화를 본다. 당연히 할리우드 영화라고 생각했던 영화들이 영국만의 문화와 표현을 가진 '영국 영화'라는 것을 뒤늦게 알게 되었다. 〈브리짓 존스의 일기(Bridget Jones's Diary)〉에서 크리스마스에 브리짓 존스가 아빠와 TV를 보면서 쓴 종이 왕관(크리스마스 파티 때 영국인들이 많이 쓰는 아이템이다)이 눈에 들어왔고, 〈어바웃 타임(About Time)〉의 배경인 콘월 지방의 맑은 하늘과 시골길이 낯익었다. 〈어바웃 어 보이(About A Boy)〉의 소년을 보니 겨울에 폼폼이가 달린 털모자를 쓰고 다니는 볼 빨간 영국 아이들이 생각난다. 〈미 비 포유(Me Before You)〉의 남자 주인공이 살던 성과 여자 주인공이 살던 영국 주택을 보고는 가슴이 뛰었다. 영화 속 자동차 번호판과 주택들, 심지어 마트까지 낯익고 그립다. 앞으로 한동안은 '영국'이라는 단어만 들어도 설렐 것 같다. 이렇게 120일 간의 영국살이는 아이들에게는 특별한 경험이었고, 나에게는 다시 못할 큰 도전이었다.

부록_ 영국 단기 스쿨링 & 현지 생활 TIP과 경비내역

1. 학교 알아보기

단기 스쿨링을 계획할 때 가장 중요한 것은 학교를 선택하는 일이다. 단기 스쿨링을 할 때는 공립학교보다는 사립학교가 더 장점이 많다. 비용은 비싸지만 사립학교가 공립학교에 비해 학급당 학생 수가 훨씬 적어 집중적인 케어를 받을 수 있고, 방과 후 활동이 다양해서 단기간에 많은 경험을 할 수 있기 때문이다. 또한 대부분의 사립학교에서는 스쿨버스와 급식이 제공되기 때문에 학부모가 직접 픽업하거나 도시락을 준비하는 부담도 없다.

영국 사립학교 목록은 영국 사립학교 위원회 홈페이지에서 확인이 가능하며, 해당 학교 홈페이지를 통해 담당자에게 메일을 보내면 입학 정보를 받을 수 있다. 좀 더 실제적이고 경험적인 학교 정보를 얻고 싶다면, 영국 지역 카페에서 도움을 받을 수 있다. 학교마다 단기 스쿨링을 허가하지 않는 곳도 있으니 반드시 직접 확인해야 한다.

○ 영국 사립학교 위원회 www.isc.co.uk
○ 영국 한인 커뮤니티 '여왕님들 in UK' cafe.naver.com/ukqueen

2. 입학 관련 서류 준비

현지 학교에 단기간 다니는 경우라도 학교에서 학생의 학교생활과 성적을 파악하기 위해 재학증명서(the confirmation letter)나 성적표(school report)를 요구하기도 한다. 재학증명서와 졸업증명서는 현재 재학 중인 학교 행정실에서 바로 영문으로 발급받을 수 있다. 하지만 성적표나 생활기록부는 국문으로 발급받아 따로 번역과 공증 작업이 필요하다. 예방접종증명서(certification of immunization)를 요구하기도 하는데, 전국 보건소와 질병관리본부 예방접종 도우미 사이트에서 영문으로 발급받을 수 있다.

○ 질병관리본부 예방접종 도우미 https://nip.cdc.go.kr

3. 숙소 알아보기

영국 부동산 사이트를 통해 집을 구할 수는 있지만 대부분 6개월 이상 거주하기를 원하고, 숙소에 가구나 살림살이가 없는 경우가 많기 때문에 단기 거주 장소로는 적합하지 않다. 스쿨링을 할 학교 근처 지역의 에어비앤비나 휴가용 별장(holiday village, holiday resort)을 예약하는 것이 생활과 관리 면에서도 훨씬 편리하다. 특히 3개월 이상 거주할 경우에는 주인과 가격 협상이 가능한 경우가 많기 때문에 메일을 보내보는 것을 추천한다.

○ 에어비앤비 www.airbnb.com
○ 영국 한인 정보 사이트 www.04uk.com
○ 영국 부동산 사이트 www.rightmove.co.uk

4. 이메일과 친해지기

학교와 숙소를 예약할 때는 이메일로 진행 상황을 확인하는 것이 좋다. 특히 계약과 금전적인 문제이기 때문에 구두로 확인을 하는 것보다 이메일로 소통하는 것이 더 정확하다. 영국 현지의 학교생활에 있어서도 이메일은 중요하다. 학교 행사 안내와 모든 정보들이 메일로 안내되기 때문이다. 학부모에게 메일로 통보하고 기한 내에 답변이 없으면 그냥 넘어가버린다. 한국처럼 가정통신문이나 담임선생님의 개인적 안내, 홈페이지 공지는 거의 없다고 보면 된다. 이메일을 제대로 받지 못한 것은 개인의 책임이므로 수시로 메일을 확인해야 한다. 그러기 위해서는 국내 계정 메일보다 외국에서 많이 사용하는 야후(yahoo)나 구글(google) 계정이 편리하다. 외국에서 익숙하기도 하고, 중요한 메일이 스팸 처리되는 경우가 거의 없기 때문이다.

5. 환전

요즘은 대부분 신용카드나 온라인 전자결제시스템을 사용하기 때문에 현금을 많이 준비하지 않아도 된다. 하지만 런던을 제외한 외곽에서 대중교통을 이용하거나 일부 작은 상점과 세탁소에서는 현금이 필요하기 때문에 조금은 준비하는 것이 좋다. 환전을 할 때는 10파운드와 20파운드 단위로 하자. 50파운드는 대형마트에서는 사용할 수 있지만 일반 상점에서는 거의 받지 않는다. 한국과는 달리 일반 은행에서도 당행 계좌가 없는 경우에는 현금을 바꿔주지 않는다. 온라인 쇼핑을 할 경우 일부 사이트에서는 해외 등록 신용카드로 결제가 안 될 수 있기 때문에 온라인 전자결제방법인 페이팔(paypal)을 이용하는 것이 좋으니 미리 가입해 두자. 그 외 비상시 해외에서 현금을 인출할 수 있는 카드도 준비하면 좋다.

6. 입국 심사 서류 준비

영국 히스로 공항의 입국 심사가 까다롭다고는 하지만, 거주지와 출국 증명만 확실히 된다면 크게 문제가 없으니 영어에 대한 부담은 가지지 않아도 된다. 왕복 항공권과 숙소 예약확인서, 스쿨링 증명서는 필수 서류이다. 6개월 미만의 단기 스쿨링의 경우, 한국에서 학생비자를 미리 준비하지 않아도 되지만 스쿨링을 위해 입국한다는 증명서가 필요하다. 학교에 미리 증명서(school letter)를 요청하면 학생의 이름과 스쿨링 기간이 명시된 편지를 보내준다. 학비 완납 영수증과 거래은행 잔고확인서(파운드 기준)도 준비하면 좋다. 아이가 단기로 영국 학교를 다닌다는 것이 증명되면 입국 심사 때 단기학생비자(short term student visa) 도장을 찍어준다.

어차피 영국 관광비자가 6개월이므로 스쿨링 증명 없이 입국해서 학교를 다닐 수 있지 않을까 생각할 수도 있지만, 관광비자로 학교를 다니는 것은 영국에서 불법이다. 별 것 아닐 수 있지만 원칙적으로 입국하는 것이 안전하다.

7. 교통편 예약

학교와 숙소가 런던 시내에 있다면 교통이 편하겠지만, 런던 근교로 이동하려면 시외버스나 기차 예약이 필요할 수도 있다. 그럴 경우, 입국하기 전에 미리 홈페이지를 통해 예약을 하고 티켓 출력을 해두는 것이 좋다. 요즘은 지도가 잘 되어 있어 출발지와 목적지만 입력하면 지하철, 시외버스(coach), 기차 등의 이동 방법을 자세히 알 수 있다.

영국은 버스와 기차 요금이 비싸기 때문에 사람이 여럿일 경우에는 콜밴을 이용하는 것이 가격 차이가 크지 않고, 더 편하다. 원하는 시간에 원하는 곳에서 이용할 수 있는 것도 큰 장점이다. 홈페이지에서 출발지와 목적지를 입력하면 거리와 차량 크기에 따라 가격을 확인할 수 있다.

영국 시외버스 예약 사이트

○ 내셔널 익스프레스 www.nationalexpress.com

○ 메가버스 www.busbud.com

영국 기차 예약 사이트

○ 내셔널 레일 www.nationalrail.co.uk

○ 더 트레인 라인 www.thetrainline.com

○ 서던레일 www.southernrailway.com

콜밴 예약 사이트

○ www.taxicode.com

8. 유심 구입 및 충전 방법

외국에서 지낼 때 가장 필요한 것은 바로 핸드폰이다. 영국을 비롯한 유럽의 유심은 한국과 달리 선불제로 정해진 기간 동안 주어진 데이터를 이용하는 방식이다. 개인정보는 등록할 필요도 없고, 많이 썼다고 해서 추가 요금이 나오지도 않는다. 영국에 도착해서 공항이나 현지 유심 판매점에서 구입할 수도 있고, 한국에서 미리 구입해서 가는 방법도 있다. 인터넷으로 주문하면 집으로 받을 수도 있고, 공항에서 직접 수령할 수도 있다.

보통 유심 사용기간은 한 달이다. 기간이 지나면 데이터와 문자, 통화 사용량이 남아 있더라도 없어지고, 한 달 이전에 충전을 해 두면 한 달씩 연장이 된다. 해당 통신사 홈페이지에 가서 원하는 요금제(plan)를 구입(top-up)해서 충전(add-on)하면 된다. 홈페이지에서 직접 충전할 수도 있고 바우처를 구입해서 충전해도 된다. 단기 거주자는 대부분 영국 현지 등록 신용카드를 가지고 있지 않기 때문에 통신사 홈페이지에서 바로 요금제 구입을 할 수 없어서 바우처를 구입해야 한다. 바우처는 마트에서 구입할 수 있는데, 설명서 대로 입력하면 충전하는데 큰 어려움은 없을 것이다. 온라인으로도 바우처를 구입할 수 있으며, 이 경우는 구입 후 16자리 핀을 부여받아 해당 통신사 홈페이지에서 충전할 수 있다. 만일 충전이 어렵다면 매달 새로운 유심을 구입해도 되지만, 매달 전화번호도 같이 바뀐다는 것이 단점이다.

영국 대표 통신사 홈페이지
○ www.three.co.uk
○ www.ee.co.uk
○ www.giffgaff.com
○ www.o2.co.uk
○ www.vodafone.co.uk

온라인 바우처 구입처
○ www.mobiletopup.co.uk

9. 해외에서 국내 통화하기

요즘은 인터넷 접속이 가능한 환경이면 메신저로 전화통화는 물론 영상통화도 할 수 있어 예전처럼 국제통화 카드나 로밍이 크게 필요하지는 않다. 하지만 은행이나 관공서처럼 메신저가 서로 연결되어 있지 않은 곳과 전화해야 할 일이 생길 수도 있다. 인터넷 전화 애플리케이션을 미리 설치해 두면 편리하게 일반 전화처럼 이용할 수 있다. 메신저 통화보다 훨씬 통화 품질이 깨끗하고, 국내외 어디든 한국 유무선 번호로 수신과 발신이 모두 가능하다. 통신사에 요청하여 착신전환서비스를 가입해서 인터넷 전화번호를 등록해 두면 로밍 요금 없이 바로 수신할 수 있다.

인터넷 전화 애플리케이션
○ 아톡

10. 영국에 갈 때 챙겨 가면 좋은 것들

단기 거주이기 때문에 한국에서 짐을 많이 가져가지 않는 것을 추천한다. 필요한 것은 영국에서도 다 구할 수 있다. 감기약과 해열제는 물론 각종 기본 연고도 의사의 처방 없이 마트나 동네 약국에서 쉽게 구입할 수 있고, 아이들 신발이나 옷도 한국보다 저렴하게 살 수 있다.

꼭 챙겨야 할 것이 있다면 바로 먹거리이다. 한인 마트나 중국 마트가 근처에 있다면 다행이지만, 외진 곳에서는 식재료를 구하기가 어렵다. 온라인 쇼핑을 할 수도 있지만 시간이 걸리고, 가격도 비싼 편이다. 고추장, 된장, 쌈장과 같은 기본 양념과 마른 미역, 김, 캔 김치, 국물 멸치팩 등을 챙겨 가면 유용하다.

내 경우에는 에어비앤비나 장기 렌트 숙소는 수건을 바꿔주지 않는 곳도 있다고 해서 혹시 몰라 수건도 여유 있게 챙겼다. 젓가락과 주걱도 꼭 챙기면 좋다. 간장과 참기름은 마트에서 찾을 수 있었는데, 나무젓가락은 전혀 구할 수 없어 불편했다. 숙소에 비치되어 있는 물품은 무엇인지와 따로 준비해야 할 것은 무엇인지 예약한 숙소에 미리 메일로 문의해보는 것도 준비물 목록 작성에 도움이 된다.

그리고 영국은 갑작스런 소나기나 비가 종일 부슬거리며 내릴 때가 잦아서 바람막이 점퍼나 작은 우산도 필요하다(그런 날에도 영국인들은 거의 우산을 쓰지 않지만 말이다). 햇볕이 강한 날도 많기 때문에 모자와 선글라스도 챙기면 도움이 되고, 공책과 연필과 같은 문구류는 한국이 훨씬 질이 좋고 저렴한 편이니 챙겨 가자.

○ 네 달 동안의 영국살이 경비내역

항목	비용	총계
왕복 항공권 (3인)	260만 원	총 경비 **약 2,300만 원** (쇼핑 및 기타 비용 제외)
학비 (입학금, 등록금, 교복 구입, 개인 레슨비 등)	900만 원	
숙소 렌트	450만 원	
생활비	250만 원	
여행 비용 (콘월&런던)	400만 원	

LONDON